Dream Bakery

夢想烘焙

張淑卿 Angel 著

尋找那份恰到好處的甜
創造屬於自己的幸福時刻

作者序 Preface

腦海總是浮現出廚房的樣子——
爐火通明，奶油的香氣瀰漫

親愛的甜粉們：非常激動，能通過這本書和你分享我這幾年精心設計並且賣了 10 年的甜點，寫這本書經過了一年的努力，這些過程、彷彿是一個漫長而美妙的旅程，

每當我翻開書中每一道，腦海總是浮現出廚房的樣子——爐火通明，奶油的香氣瀰漫。食材在手中慢慢轉變，彷彿每一道甜點都在講述一個屬於自己的故事。

我常常想，做甜點的過程，和生活的許多時刻很像。我們總是追求那份剛好的甜——不甜不膩，恰到好處。這個過程中，溫度、時間和比例似乎都要精確，但其實，我們每個人對"甜"的定義都不同。也許一顆簡單的戚風蛋糕，就能給你一天的溫暖；或許一塊酥脆的塔皮，能讓你在忙碌的午後，忘記一切煩惱。

這些食譜，是希望它能帶你走進廚房，感受到生活中最簡單卻又最有意義的那份溫暖與滿足。做甜點，或許正是我們與自己獨處的過程。而甜點的香氣，也會在不經意間治癒你的小小憂愁，及獲得那份作品的成就感

這本書，想和你分享的不僅是幾道食譜，而是通過這些甜點，去感受生活中的細膩與美好。在那些簡單的材料背後，是一個個生活的片段，是無數次的失敗與嘗試，最終積澱成的每一道小甜品。

這本書或許不是最完美的，但是最眞實的夢想的，謝謝你，願這本書能成爲你廚房裡的一盞燈，讓你在平凡的日子里，享受那些非凡的甜蜜。

法布甜執行長

合作創業流程

01. 前置作業
設定商品 / 品牌定位
各式SOP / 成本分析
包裝設計 / 季節新品

02. 開幕
店面裝潢
人員制服 / 教育訓練
各式文宣 / 宣傳

03. 販售
實體店面 / 社群平台
電商平台 / 團購 / 通路

04. 系統應用
CRM經營 / ERP系統
SWOT分析 / POS系統

05. 持續優化
策略
共識營

06. 文化
願景/使命
會議
教育訓練 / 傳承

客戶服務旅程

01. 注意
社群貼文 / 廣告
關鍵字廣告
微網紅分享
市集

02. 興趣
再行銷廣告
FB/IG貼文限動
社群平台訊息推播

03. 搜尋
官網
FB/IG/Dcard社群平台
GOOGLE我的商家
GOOGLE

04. 行動
官網購買
實體店購買
電商平台
通路 / 團購

05. 服務
開箱體驗
物流
客戶支援

06. 分享
GOOGLE我的店家
FB/IG/TIKTOK等社群平台
LINE社群/FB社團

法布甜歷年獎項與肯定

中華航空商務艙點心指定品牌
台灣高速鐵路商務艙點心指定品牌

2013、2014、2015、2016、2017年 台北鳳梨酥大賽 優選
2013、2016、2021、2022、2024 年台中十大伴手禮 首獎 金口碑獎
2015年 蘋果日報評比母親節蛋糕大賽–銀牌
2019年 鳳梨時尚伴手禮創意賽 銀牌
2019年 農糧署「全國特色米製伴手禮創意競賽」季軍
2020年 米其林大會指定品牌伴手禮
2020年 食品界米其林ITQI二星美食獎
2021年 AATast Awards世界無添加三星認證大獎
2021年 Monde Selection世界品質金獎
2021年 國家品牌金舶獎(國際授權代理輸出組)
2021年第十二屆 網路人氣獎
2022年新味食潮–潔淨高值獎
2023年台灣烘焙大賞TOP30
2023年日本國際伴手禮設計獎–金牌
2023年 第十四屆 台中十大伴手禮 評審團大獎
2023、2024年台灣百大伴手禮金質獎
2024年農糧署台灣水果之星國產水果烘焙競賽–冠軍
2024年農糧署台灣水果之星國產水果烘焙暨甜點創意競賽–最佳設計獎

她是一位對烘焙充滿熱情、總是不斷創新的企業家

　　我與張淑卿小姐認識已經超過 15 年了，從她創立法布甜伴手禮店開始，我就發覺她是一位對烘焙充滿熱情、總是不斷創新的企業家。記得當她剛開始創業時，曾多次找我討論如何開發產品。因為她的媽媽有糖尿病，我建議她專注於開發健康的甜點，這樣不僅能讓自己家人放心，也能吸引注重健康的消費者。結果她不僅聽取這個建議，還成功創造出了無油達克瓦茲【法式鳳梨酥】減糖超過 50% 的橘子蛋糕等多款既健康又美味的甜點，並在產品包裝和多樣性上也花了不少心思，這些產品也因此深受消費者喜愛。

　　張淑卿小姐不僅在台灣本地努力發展，還去法國學習專業甜點製作，結合超過十年的開店經驗，把創新和實務完美融合。如今，她的法布甜不僅從一間小店發展成擁有 8 家門市專櫃的品牌，還在各大烘焙賽事中屢獲殊榮，包括台中十大伴手禮 6 屆、A.A 亞太無添加美食獎三星獎、國家品牌金舶獎等，這些獎項是對她在產品研發上的堅持與創新的最好肯定。她的產品不僅注重品質，還巧妙地將台灣在地的農特產品融入其中，推動了地方經濟和產業鏈的發展。

　　除了專注於企業，張小姐也積極回饋社會，特別是在產學合作方面。她與母校國立高雄餐旅大學合作，將最新的烘焙技術與食材應用帶進課堂，並強調實作與創新的學習方式，幫助學生們建立扎實的專業基礎，為未來的烘焙業注入新血。

　　如今，張淑卿小姐將自己的實戰經驗和理念編纂成書，這本書不僅是對烘焙愛好者的一份心血結晶，也是她推動台灣烘焙業創新與進步的重要貢獻。我相信這本書將為讀者帶來更多烘焙技巧和靈感，也將激發更多創新的想法。

　　作為中華民國糕餅商業同業公會全國聯合會的理事長，我毫不猶豫地推薦此書，她的創新精神、專業能力，無疑是當代優秀創業家的典範。相信這本書對每位讀者來說，都會是一個充滿啟發的學習範例。

中華民國糕餅商業同業公會全國聯合會 理事長　周子良

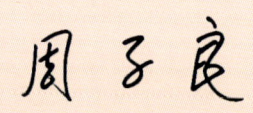

推薦序 — 國立高雄餐旅大學 校長 陳敦基

Foreword

夢想烘焙
從巴黎鐵塔到我的廚房
億級的配方大公開

每一道甜點，都是一份感情的承載；每一本食譜書，都是一段人生的縮影。張淑卿這本甜點食譜書，不僅記錄了她多年來的烘焙創作，更展現了一段以愛為核心、以健康為目標的動人旅程。

張淑卿，這位留法歸來的女主廚，擁有瑞士SHML管理學院碩士學位，並畢業於國立高雄餐旅大學烘焙管理系，現為該校講師及傑出校友。她憑藉卓越的專業背景與對甜點的熱情，創辦了法布甜品牌。她的代表作「無油法式鳳梨酥」，將法式甜點的精緻與臺灣在地食材的純粹完美結合，成為健康與美味兼具的創新甜點。這份創新的背後，是淑卿對母親深深的愛，母親罹患糖尿病且麩質過敏，使她對甜點望而卻步，這讓淑卿萌生了為母親創造特製甜點的念頭。為了實現這個目標，經過無數次的失敗與嘗試，她終於成功打造出既健康又美味的蛋糕及許多甜點。

「做甜點不能只有堅持，更重要的是熱忱。」這句話，是淑卿一路以來的信念，也是她創業的初心。在她的甜點中，不僅能感受到法國藍帶技術的精湛，更能體會到她對母親的孝心與對家鄉臺灣的熱愛。法布甜的創立，凝聚了淑卿對甜點的熱情與創意，讓其獲得國內外諸多獎項的肯定，也成為臺灣甜點界的閃耀明星。法布甜的甜點不僅獲得了市場的認可，更為臺灣農產與烘焙技術贏得了驕傲。

這本食譜書，不僅是淑卿多年努力的結晶，更是一份可以傳遞與分享的珍貴禮物。透過它，讀者能學習到她精湛的技術與獨創的配方，也能感受到她對甜點、對家人、對土地深深的情感。翻開這本書，讓我們隨著張淑卿的腳步，一起探索甜點創作的美好與深情，體會那份將愛與健康融入每一道甜點的用心。

—— 謹以此序，致敬所有用甜點傳遞愛的人們 ——

國立高雄餐旅大學 校長 陳敦基

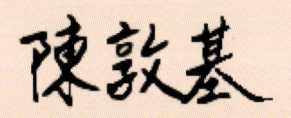

推薦序 — 烘焙練功坊 烘焙甜心 杜佳穎

Foreword

讓更多人能夠在家中
享受無負擔的法式甜點

在這個追求健康與美味兼具的時代，能夠將法式甜點轉化為養生美食的人並不多見。然而，Angel 不僅做到了，更將這份創新與堅持化為一本珍貴的甜點全書，讓更多人能夠在家中享受無負擔的法式甜點。

初次認識 Angel，就被她對烘焙的熱情與執著所打動。作為一位留法歸國的女主廚，她不單純追求甜點的美味，更懷抱著一份對家人的深切關愛。當她看到因糖尿病和麩質過敏而無法享用甜點的母親，毅然決定開創一條與眾不同的烘焙之路。這份來自女兒的愛，成為了推動她不斷創新的動力。

在創立法布甜品牌的過程中，她展現出非凡的創意與專業。成功研發出無油法式鳳梨酥、減糖的橘子蛋糕等作品，不僅保留了法式甜點的精緻口感，更大幅降低了熱量與糖分。這些創新產品完美展現了她對健康與美味的堅持，也開創了新的可能性。更令人欣賞的是，Angel 善於將在地食材融入法式烘焙中。她的每一款作品都蘊含著對這片土地的情感，巧妙地將東西方文化糅合，創造出獨具特色的美味。這份用心也使法布甜從一間小店快速成長，獲得多項重要獎項的肯定。

在此，我誠摯推薦這本凝聚著專業與愛心的烘焙全書。相信每一位讀者都能從中獲得養生烘焙的知識與靈感，在家中創造屬於自己的健康美味。這不僅是一本食譜，更是一份將愛與健康完美結合的見證。

烘焙練功坊 烘焙甜心　杜佳穎

推薦序 — 安德尼斯烘焙坊經營者 麵包職人 吳克己

Foreword

這些年，她所做的努力
只是爲了成就一款好甜點

時間拉回 2004 年，那時候，我還在國立高雄餐旅學校就讀烘焙管理系，而 Angel 則是我的學妹，常常會一起討論未來的夢想。

她姊姊秀華跟我同班，也因爲如此，我們除了夢想之外，討論美食、甜點還有市場流行之趨勢，那時候也不曾想到，學妹 Angel 會是如此的有生意頭腦。

我常常笑她「明明可以靠顏值」，但是她的努力是有目共睹的，畢業後前往歐洲進修，除了專業技能之外，也有相當程度的管理專長，這 20 年的部署與架構，確實是成就法布甜最重要的關鍵，也讓著名的法式甜點達克瓦茲，成爲著名的台中伴手禮。

我相信，這一刻「台中、巴黎零距離。」Angel 公開了她的秘密，將法布甜的法式經典秘笈大公開，將複雜的步驟簡單化，也讓達克瓦茲有更多更精彩的呈現。

謝謝 Angel 的用心，將畢生所學與成功之道無私分享與公開，造福許多參與烘焙業的妳我，很期待透過這部精美的食譜書，爲生活增添更多的樂趣。

安德尼斯烘焙坊經營者 麵包職人　*Katsumi Wu*

推薦序 ── 健康是專長愛美是天性 專注健與美的營養師 高敏敏

Foreword

在無油、低糖的堅持下
讓所有人都能無負擔地享受點心

眾所周知，法式烘焙以其精美的外觀和誘惑的口感而廣受喜愛，無論是酥脆的可頌、香甜的馬卡龍，還是綿密的法國蛋糕，都徹底征服了世界的味蕾。然而，傳統的法國烘焙多使用大量的糖、奶油和白麵粉，而這些成分在品嘗美味的同時，也讓我們無法盡情地享受。

法布甜-甜姐，用養生的內核，調和依舊動人的味蕾感受，打造帶領健康時尚風潮的法布甜，經典法式烘焙在無油、低糖的堅持下，讓所有人都能無負擔地享受點心的小確幸時刻

結合台灣在地農作的獨特產品像是法式達克瓦茲鳳梨酥、橘子蛋糕、紅茶曲奇餅乾，除了低卡健康又不失美味的指標特色外、更是充滿濃郁台灣風情地的法式新創糕點。這一本"夢想烘焙"滿是法布甜 甜姐的獨家經驗分享，更可以視為廚藝新手實作的導引手冊，

照著書中步驟操作，看著與書中圖片一致的完成品，相信那一刻的心中都是充滿成就感與感恩的。

最後，我想跟每位對於烘焙感興趣的朋友說，無論你是初學者還是烘焙達人，跟著 法布甜 甜姐 一起嘗試融入養生元素的法式烘焙，一定會為你的點心時刻增添更多的美好。烘焙不僅僅是製作食物，更是一種表達愛、分享快樂的方式。讓我們一起在家中展開創意，享受健康的法式美味。

希望您能在接下來的烘焙之旅中收穫滿滿的驚喜與快樂！

健康是專長愛美是天性 專注健與美的營養師

9

目錄 Contents

常溫系列 Gâteaux De Voyage & Cakes

14	曲奇餅乾	Cookie
18	巧克力曲奇餅乾	Chocolate Cookies
22	紅茶曲奇餅乾	Red Tea Cookies
26	瑪德蓮	Madeleine
30	抹茶瑪德蓮	Matcha Madeleine
34	伯爵茶瑪德蓮	Earl Grey Tea Madeleine
38	香草費南雪	Vanilla Financier
42	巧克力費南雪	Chocolate Financier
46	橘子蛋糕	Orange Cake
50	檸檬蛋糕	Lemon Cake
54	桂圓磅蛋糕	Longan Pound Cake
60	無花果磅蛋糕	Fig Pound Cake
64	花圈檸檬磅蛋糕	Wreath Lemon Pound Cake

冷藏系列 Cake & Puffs & Tartes & Dacquoise

70	檸檬小姐蛋糕	Miss Lemon Cake
76	芋頭小姐蛋糕	Miss Taro Cake
80	原味生乳捲	Milk Roll Cake
84	巧克力生乳捲	Chocolate Roll Cake
88	草莓珠寶盒	Strawberry boite à bijoux
92	芋頭珠寶盒	Taro boite à bijoux
96	岩石泡芙	Puffs
102	巧克力塔	Chocolate Tartes
106	檸檬塔	Lemon Tartes
110	抹茶塔	Matcha Tartes
114	草莓派	Strawberry Tartes
118	芒果塔	Mango Tartes
122	芋頭塔	Taro Tartes
126	玫瑰塔	Rose Tartes
130	栗子塔	Chestnut Tartes
134	可頌千層蛋塔	Croissant Egg Tart
141	香蕉卡士達達克瓦茲	Banana Custard Dacquoise
145	鳳梨紅茶達克瓦茲	Pineapple Red Tea Dacquoise
148	覆盆莓草莓達克瓦茲	Raspberry Strawberry Dacquoise
152	藍莓達克瓦茲	Blueberry Dacquoise

常温系列

Gâteaux De Voyage & Cakes

法布甜
AR's Patisserie

Cookies 一詞的起源可能來自荷蘭語，荷蘭人在十六世紀將這種點心稱爲「koekje」，意爲小蛋糕。這個詞漸漸傳播到英國，成爲英語中的「cookie」，隨著時間的推移，曲奇的製作方法和食材逐漸演變，而成爲現代人們所熟悉的小點心。

曲奇餅乾

● 烤溫 / Baking Temperature

烤箱上下火 160°C，13 分鐘調頭 3 分鐘

● 份量 / Quantity

每片約 6.5 公克，約共 100 片

● 器具 / Appliance

8 齒花嘴

● 小叮嚀 / Tip

①溫火慢烤，避免過度上色。
②也可以使用不同花嘴及不同的擠花方式，製作出不一樣造型的曲奇餅乾。
③純糖粉可以直接使用細砂糖打成粉。
④『麵糊比重』也就是麵糊的重量與體積比。每一種蛋糕依其配方要求不同，會有不同的打發要求。
★ 精準掌控麵糊比重，大幅提升烘焙品質。

● 材料 / Ingredient

材料		重量 (克)
A	無鹽發酵奶油	210
	無鹽奶油	90
B	海鹽	2.4
	純糖粉	84
C	鮮奶	60
D	特寶笠果子用粉	58
	熊本高纖低糖預拌粉	86
	玉米粉	164
	酪乳粉	18
合計		**772.4**

● 常溫系列

• 作法 / Method

1. 將無鹽發酵奶油、無鹽奶油切小塊,室溫放軟,放入攪拌缸中。

2. 加入海鹽、純糖粉。

3. 使用槳狀攪拌器。

4. 打至均勻,刮缸。

5. 再打到變白,比重 150。

6. 分 2 次加入鮮奶,拌勻。

● 常溫系列

7 加入剩餘的鮮奶拌勻。

8 加入篩好的粉類拌勻。

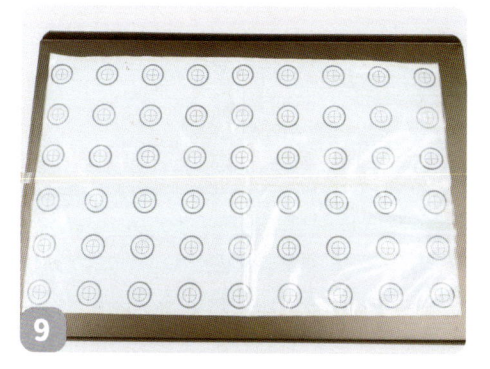

9 可使用畫好圓的底紙輔助，每個直徑 3 公分，上方鋪上烤焙紙。

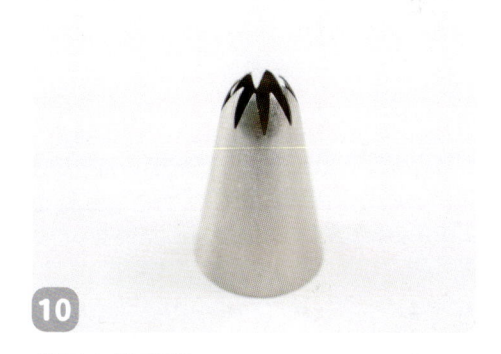

10 使用 8 齒花嘴。

11 離烤焙紙約 1 公分高，垂直向下擠出，每個約 6.5 公克。

12 烤箱，上下火 160℃，烤焙 13 分鐘，調頭再烤 3 分鐘。

Chocolate Cookies

● 常溫系列

巧克力曲奇餅乾

● 烤溫 / Baking Temperature

烤箱上下火 160°C，13 分鐘調頭 4 分鐘

● 份量 / Quantity

每片約 6.5 公克，約共 100 片

● 器具 / Appliance

8 齒花嘴

● 小叮嚀 / Tip

①溫火慢烤，避免過度上色。
②也可以使用不同花嘴及不同的擠花方式，製作出不一樣造型的曲奇餅乾。
③純糖粉可以直接使用細砂糖打成粉。

● 材料 / Ingredient

	材料	重量 (克)
A	無鹽發酵奶油	210
	無鹽奶油	90
B	海鹽	2.4
	純糖粉	84
C	鮮奶	60
D	特寶笠果子用粉	114
	玉米粉	132
	黑騎士可可粉	22
	法芙娜可可粉	20
合計		734.4

• 作法 / Method

1. 將無鹽發酵奶油、無鹽奶油切小塊,室溫放軟,放入攪拌缸中。

2. 加入海鹽、純糖粉。

3. 使用槳狀攪拌器。

4. 打至均勻,刮缸。

5. 再打到變白,比重 150。

6. 分 2 次加入鮮奶,拌勻。

● 常溫系列

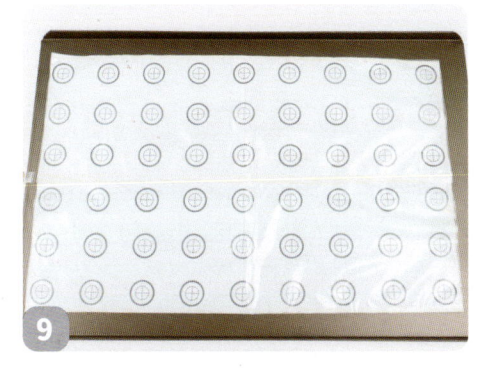

7 加入篩好的粉類。

8 攪拌均勻。

9 可使用畫好圓的底紙輔助,每個直徑 3 公分,上方鋪上烤焙紙。

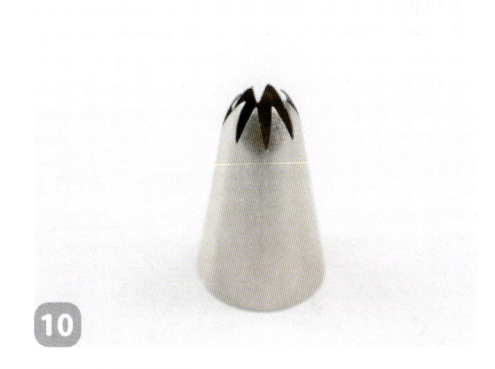

10 使用 8 齒花嘴。

11 離烤焙紙約 1 公分高,垂直向下擠出,每個約 6.5 公克。

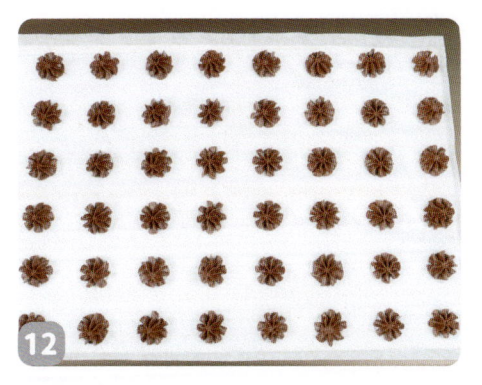

12 烤箱,上下火 160°C,烤焙 13 分鐘,調頭再烤 4 分鐘。

Red Tea Cookies

● 常溫系列

紅茶曲奇餅乾

● 烤溫 / Baking Temperature

烤箱上下火 160℃，13 分鐘調頭 3 分鐘

● 份量 / Quantity

每片約 6.5 公克，約共 100 片

● 器具 / Appliance

8 齒花嘴

● 小叮嚀 / Tip

①溫火慢烤，避免過度上色。
②也可以使用不同花嘴及不同的擠花方式，製作出不一樣造型的曲奇餅乾。
③純糖粉可以直接使用細砂糖打成粉。

● 材料 / Ingredient

材料		重量 (克)
A	無鹽發酵奶油	210
	無鹽奶油	90
B	海鹽	2.4
	純糖粉	84
C	鮮奶	60
D	特寶笠果子用粉	114
	玉米粉	132
	紅茶茶葉粉	適量
合計		692.4

• 作法 / Method

1 將無鹽發酵奶油、無鹽奶油切小塊,室溫放軟,放入攪拌缸中。

2 加入海鹽、純糖粉。

3 使用槳狀攪拌器。

4 打至均勻,刮缸。

5 再打到變白,比重 150。

6 分 2 次加入鮮奶,拌勻。

• 常溫系列

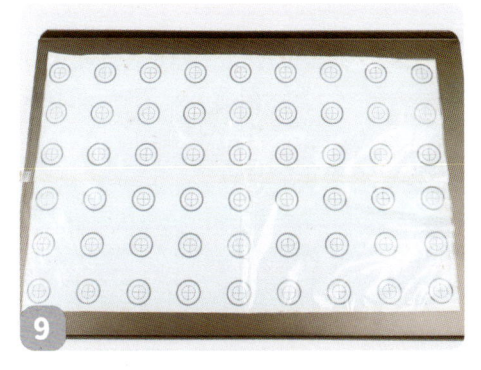

7. 加入篩好的粉類。

8. 攪拌均勻。

9. 可使用畫好圓的底紙輔助,每個直徑 3 公分,上方鋪上烤焙紙。

10. 使用 8 齒花嘴。

11. 離烤焙紙約 1 公分高,垂直旋轉擠出,每個約 6.5 公克。

12. 烤箱,上下火 160°C,烤焙 13 分鐘,調頭再烤 3 分鐘。

Madeleine

瑪德蓮的由來據傳是在 1755 年，一位法國貴族－洛林公爵要宴客，結果甜點師傅和主廚吵架，就把所有的甜點帶走憤而離去，之後是由一位叫瑪德蓮的女僕，根據祖母的食譜，使用麵粉、雞蛋和蜂蜜做出了這道簡單甜點，喜愛甜點的洛林公爵品嚐過後對這小蛋糕非常滿意，就以女僕的名字爲其命名。

● 常溫系列

瑪德蓮

● 烤溫 / Baking Temperature

烤箱上下火 180°C，8 分鐘調頭 5 分鐘

● 份量 / Quantity

每個約 18 公克，約共 20 個

● 器具 / Appliance

貝殼瑪德蓮模具

● 小叮嚀 / Tip

①焦化奶油：將奶油小火煮至 110°C 冒泡泡且有堅果香氣，過濾撈出澄清的奶油，冷卻後使用；使用焦化奶油風味更佳。
②溫火慢烤，避免過度上色。
③可使用千代田模具，受熱均勻度較佳。

● 材料 / Ingredient

	材料	重量 (克)
A	全蛋	97.5
	轉化糖漿	9.7
	蜂蜜	13
	海樂糖	13
B	細砂糖	71.5
C	泡打粉	3.9
	低筋麵粉	97.5
	全脂奶粉	6.5
D	無鹽奶油	97.5
	沙拉油	6.5
合計		416.6

● 作法 / Method

1 全蛋隔水加熱，加入轉化糖漿、蜂蜜、海樂糖拌勻。

2 隔水加熱煮到 35°C。

3 加入細砂糖。

4 煮到細砂糖融化。

5 離火。

6 加入篩好的粉類。

7
攪拌均勻。

8
將無鹽奶油融化,加入拌勻,再加入沙拉油。

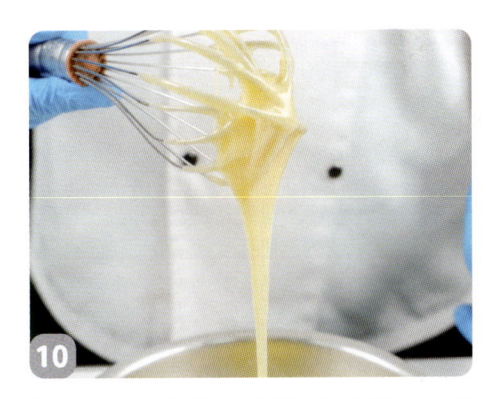

9
攪拌均勻。

10
拌勻成絲滑麵糊,放置 30 分鐘以上或冷藏冰 1 晚。

11
隔天取出,擠入模具內,每個約 18 公克。

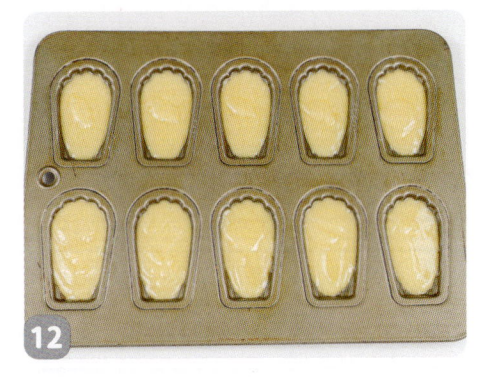

12
烤箱,上下火 180°C,烤焙 8 分鐘,調頭再烤 5 分鐘。

Matcha Madeleine

貝殼蛋糕，傳說是一位遠嫁法國的義大利公主 Madeleine，因思念故鄉的海景。甜點主廚將蛋糕烤成了貝殼形，以解公主的鄉愁。

抹茶瑪德蓮

● 烤溫 / Baking Temperature

烤箱上下火 180°C，8 分鐘調頭 5 分鐘

● 份量 / Quantity

每個約 28 公克，約共 20 個

● 器具 / Appliance

貝殼瑪德蓮模具

● 小叮嚀 / Tip

①焦化奶油：將奶油小火煮 110°C 至冒泡泡且有堅果香氣，過濾撈出澄清的奶油；使用焦化奶油前要先冷卻後再拌入麵糊，避免泡打粉失效。
②溫火慢烤，避免過度上色。
③烤好後放涼，可以撒上抹茶粉裝飾。

● 材料 / Ingredient

	材料	重量 (克)
A	全蛋	97.5
	轉化糖漿	9.7
	蜂蜜	13
	海樂糖	13
B	細砂糖	71.5
C	泡打粉	3.9
	低筋麵粉	97.5
	抹茶粉	15
D	無鹽奶油	97.5
合計		418.6

• 作法 / Method

1. 全蛋隔水加熱,加入轉化糖漿、蜂蜜、海樂糖拌勻。

2. 隔水加熱煮到 35°C。

3. 加入細砂糖。

4. 邊攪拌邊加熱。

5. 煮到融化。

6. 離火,降溫至 20°C 左右,加入篩好的粉類。

● 常溫系列

7　攪拌均勻。

8　將無鹽奶油融化，加入。

9　攪拌均勻。

10　拌勻成絲滑麵糊，放置 30 分鐘以上或冷藏冰 1 晚。

11　隔天取出，擠入模具內，每個約 28 公克。

12　烤箱，上下火 180°C，烤焙 8 分鐘，調頭再烤 5 分鐘。

Earl Grey Tea Madeleine

● 常溫系列

伯爵茶瑪德蓮

● 烤溫 / Baking Temperature

烤箱上下火 180°C，8 分鐘調頭 5 分鐘

● 份量 / Quantity

每個約 18 公克，約共 20 個

● 器具 / Appliance

貝殼瑪德蓮模具

● 小叮嚀 / Tip

①焦化奶油：將奶油小火煮至 110°C 冒泡泡且有堅果香氣，過濾撈出澄清的奶油，冷卻後使用。

②伯爵紅茶水：200 公克的水加 20 公克的伯爵茶葉，煮滾熄火燜 10 分鐘。

● 材料 / Ingredient

	材料	重量 (克)
A	全蛋	97.5
	轉化糖漿	9.7
	蜂蜜	13
	海樂糖	13
B	細砂糖	71.5
C	伯爵紅茶水	20
D	泡打粉	3.9
	低筋麵粉	97.5
	伯爵茶粉	5
E	無鹽奶油	97.5
	沙拉油	6
合計		434.6

• 作法 / Method

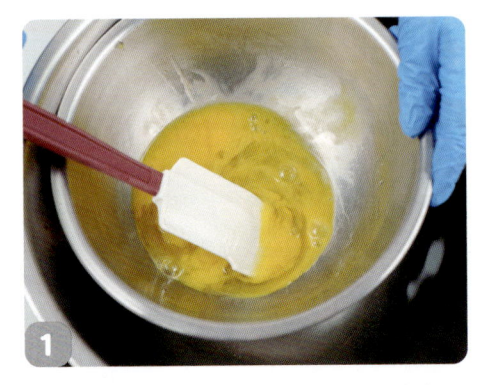

1. 全蛋隔水加熱，加入轉化糖漿、蜂蜜、海樂糖拌勻。

2. 隔水加熱煮到 35°C。

3. 加入細砂糖。

4. 煮到融化。

5. 加入煮好的伯爵紅茶水。

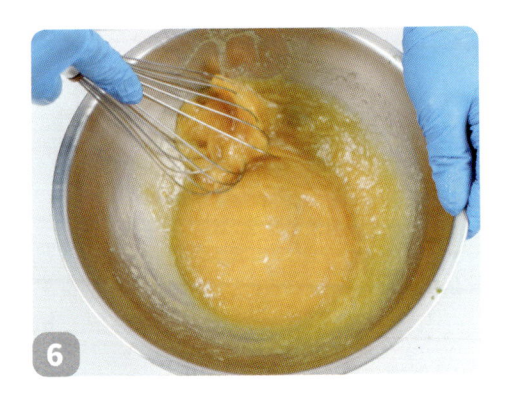

6. 攪拌均勻。

7. 離火，降溫至 20°C 左右，加入篩好的粉類。

8. 將無鹽奶油融化，加入。

9. 攪拌均勻，再加入沙拉油。

10. 拌勻成絲滑麵糊，放置 30 分鐘以上或冷藏冰 1 晚。

11. 隔天取出，擠入模具內，每個約 18 公克。

12. 烤箱，上下火 180°C，烤焙 8 分鐘，調頭再烤 5 分鐘。

Vanilla Financier

Financier 金磚蛋糕的由來，是由一位法國甜點店師傅 Lasne 在 19 世紀末所發明的。為了取悅金融界人士，並使他們在宴客時不易弄髒衣服且方便拿取所研發出的美味甜點。自此，這種金磚蛋糕在巴黎證券交易所 Bourse du Commerce 大放異彩。

● 常溫系列

香草費南雪

● 烤溫 / Baking Temperature

烤箱上下火 180°C，8 分鐘調頭 5 分鐘

● 份量 / Quantity

每個約 30 公克，約共 25 個

● 器具 / Appliance

費南雪模具

● 小叮嚀 / Tip

①焦化奶油：將奶油小火煮至 110°C 冒泡泡且有堅果香氣，過濾撈出澄清的奶油，冷卻後使用。
②可以使用焦化奶油，產品會更香。
③使用千代田模具，受熱較均勻。

● 材料 / Ingredient

	材料	重量 (克)
A	蛋白	265
	海樂糖	40
	細砂糖	30
	香草莢醬	6
B	杏仁粉	105
	糖粉	105
	低筋麵粉	105
	泡打粉	3
C	無鹽奶油	220
合計		867

• 作法 / Method

1 蛋白隔水加熱，加入海樂糖、香草夾醬。

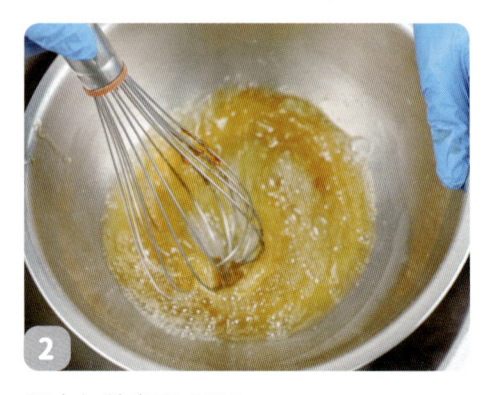

2 隔水加熱煮到 35°C。

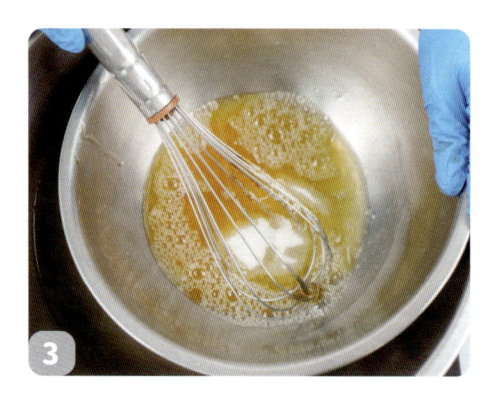

3 加入細砂糖。

4 煮到融化。

5 離火，加入篩好的粉類。

6 攪拌均勻。

● 常溫系列

7 將無鹽奶油融化,加入。

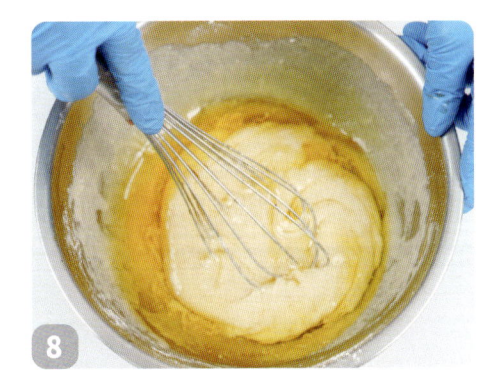

8 攪拌均勻。

9 拌勻成絲滑麵糊,放置 30 分鐘以上或冷藏冰 1 晚。

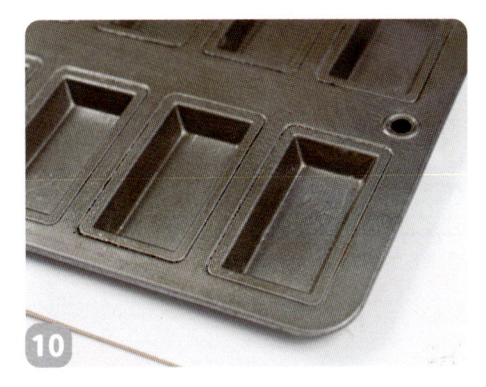

10 費南雪模具噴上烤焙油,或是抹上無鹽奶油。

11 取出麵糊,擠入模具內,每個約 30 公克。

12 烤箱,上下火 180°C,烤焙 8 分鐘,調頭再烤 5 分鐘。

Chocolate Financier

● 常溫系列

巧克力費南雪

● 烤溫 / Baking Temperature

烤箱上下火 180℃，8 分鐘調頭 5 分鐘

● 份量 / Quantity

每個約 30 公克，約共 30 個

● 器具 / Appliance

費南雪模具

● 小叮嚀 / Tip

①烤好成品放涼，可擠入焦糖醬和點綴上食用金箔裝飾。
②焦糖可以煮的濃稠點，也可以添加點海鹽增添滋味。
③可使用不同造型模具製作。

● 材料 / Ingredient

	材料	重量 (克)
A	蛋白	345
	海樂糖	100
	細砂糖	110
	香草莢醬	10
B	高筋蛋白粉	45
	低筋麵粉	45
	可可粉	30
	泡打粉	3
C	苦甜巧克力	60
D	無鹽奶油	165
合計		**913**

	裝飾材料	重量 (克)
E	焦糖醬 (作法 P.55)	適量
F	食用金箔	適量

● 作法 / Method

1 蛋白隔水加熱，加入海樂糖、香草夾醬。

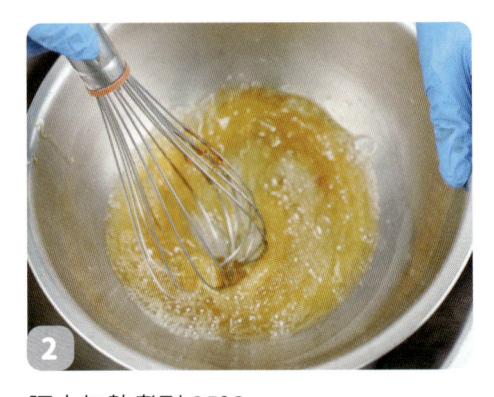

2 隔水加熱煮到 35°C。

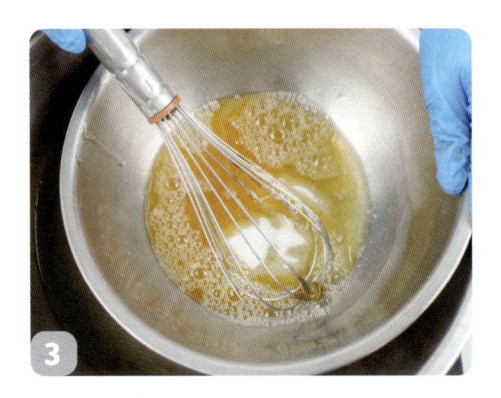

3 加入細砂糖。

4 煮到融化。

5 離火，降溫至 20°C 左右，加入篩好的粉類。

6 攪拌均勻。

7. 將苦甜巧克力、無鹽奶油放入鍋中，隔水加熱至融化。

8. 攪拌均勻。

9. 倒入巧克力麵糊中。

10. 拌勻，放置 30 分鐘以上或冷藏冰 1 晚。

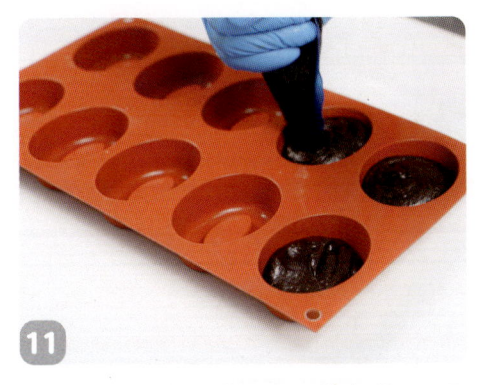

11. 取出麵糊，擠入模具內，每個約 30 公克，此模具為中間有凹槽，可做出不同造型的費南雪。

12. 烤箱，上下火 180°C，烤焙 8 分鐘，調頭再烤 5 分鐘。

Orange Cake

15 年前，我獨自前往法國學習法式甜點，偶然在香榭大道旁的甜點店嚐到橘子蛋糕，這讓我想起母親最愛的橘子，決定回台灣親手做給辛苦撫養 6 個孩子的母親。

經過兩年研發，最終成功完成了這款口感清新的橘子蛋糕。堅持使用天然的原物料，不添加任何化學香料，成功做出微酸不甜的味道。這塊蛋糕就象徵著我對母親的感謝與愛，也有著我異鄉求學的辛酸經驗。

● 常溫系列

橘子蛋糕

● 烤溫 / Baking Temperature

烤箱上下火 170°C，7 分鐘調頭 7 分鐘

● 份量 / Quantity

每個約 30 公克，約共個 10 個

● 器具 / Appliance

葉子模具

● 小叮嚀 / Tip

①模具也可使用費南雪模具。
②買市售橙片再切成三角狀。

● 材料 / Ingredient

	橘子蛋糕材料	重量（克）
A	無鹽奶油	48.68
B	純糖粉	45.56
	杏仁粉	22.7
	低筋麵粉	62.8
	泡打粉	1.1
C	蛋白	66.32
	蛋黃	33.16
D	橘子醬	42.62
合計		322.94

	裝飾材料	重量（克）
E	橙片（切成三角形）	每個 1 片
合計		10 片

47

• 作法 / Method

1 無鹽奶油切小塊,室溫放軟。

2 隔水加熱煮到 70°C。

3 煮到完全融化。

4 離火,降溫至 20°C左右,加入篩好的粉類。

5 攪拌均勻。

6 加入蛋白、蛋黃。

● 常溫系列

7 攪拌均勻。

8 加入橘子醬。

9 攪拌均勻。

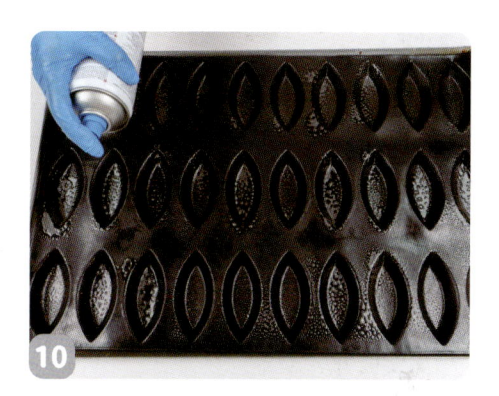

10 模具噴上烤焙油，或是抹上無鹽奶油。

11 取出麵糊，擠入模具內，每個約擠入30公克。

12 表面擺上橙片，放入烤箱中，上下火170°C，烤焙7分鐘，調頭再烤7分鐘。

Lemon Cake

檸檬蛋糕

● 常溫系列

法布甜 AR's Patisserie

● 烤溫 / Baking Temperature

烤箱上下火 170°C，6 分鐘

● 份量 / Quantity

每個約 50 公克，約共個 10 個

● 器具 / Appliance

檸檬蛋糕模具

● 小叮嚀 / Tip

①使用千代田模具，受熱較均勻。
②檸檬糖霜作法：細砂糖②加入水，隔水加熱煮至糖溶化，加入檸檬汁攪拌均勻，烤好蛋糕放涼，半圓那面薄薄沾裹上一層。
③可用巧克力披覆表面就形成台中名產了。

● 材料 / Ingredient

	檸檬蛋糕材料	重量 (克)
A	全蛋	117
	細砂糖①	75
	海藻糖	42
	海樂糖	17
	檸檬汁	10
	檸檬果泥	24
B	低筋麵粉	117
	泡打粉	3
C	玄米油	17
	無鹽奶油	125
D	綠檸檬皮	適量
合計		545

	檸檬糖霜材料	重量 (克)
E	細砂糖②	300
	檸檬汁	10
	水	50
合計		360

	表面裝飾材料	重量 (克)
F	綠檸檬皮	適量

• 作法 / Method

1 全蛋加入細砂糖①、海藻糖、海樂糖、檸檬汁、檸檬果泥放入鍋中隔水加熱。

2 攪拌均勻。

3 隔水加熱煮到 35°C。

4 煮到完全融化。

5 加入篩好的粉類。

6 攪拌均勻。

● 常溫系列

7 將無鹽奶油融化,加入拌勻,再加入玄米油。

8 攪拌均勻。

9 加入綠檸檬皮屑。

10 攪拌均勻。

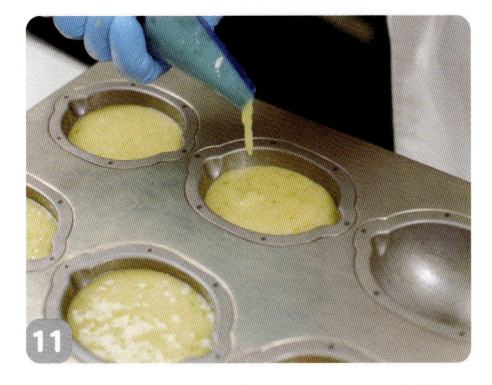

11 取出麵糊,擠入模具內,每個約擠入50公克。

12 烤箱,上下火170°C,烤焙6分鐘,出爐後表面沾上檸檬糖霜裝飾。

Longan Pound Cake

桂圓磅蛋糕

- 烤溫 / Baking Temperature

上下火 175/180°C，30 分鐘調頭 7 分鐘

- 份量 / Quantity

每模約 400 公克，約 4 條

- 器具 / Appliance

磅蛋糕模具 - 長寬高 17*6.5*7 公分

- 小叮嚀 / Tip

①桂圓乾浸泡養樂多是桂圓蛋糕的重點，浸泡過的桂圓乾，味道會更濃郁香醇。
②打發的時候要秤比重，若不夠發桂圓乾容易沉在底部。
②烤好蛋糕可以趁熱刷上糖水（糖：水＝1：1），蛋糕體會更保持濕潤。

- 材料 / Ingredient

	焦糖醬材料	重量(克)
A	細砂糖①	100
	水	30
	動物性鮮奶油	55
合計		185

	麵糊材料	重量(克)
B	養樂多	27.5
	醃漬桂圓乾	176
C	無鹽奶油	247.5
	細砂糖②	132
	海樂糖	50
	海藻糖	39
D	蛋黃	35
	全蛋	176
E	低筋麵粉	220
	高筋麵粉	84
	泡打粉	7.5
F	碎核桃	110
合計		1304.5

	裝飾材料	重量(克)
G	烤熟核桃	適量
	烤熟南瓜子	適量
	烤熟杏仁果	適量
	烤熟夏威夷豆	適量
	桂圓乾	適量

• 作法 / Method

1 細砂糖①加水。

2 事先將動物性鮮奶油煮到60°C，備用。細砂糖煮到焦糖色後，慢慢沖入溫好的動物性鮮奶油。

3 要注意不要被糖漿噴到，溫度很高請小心操作。

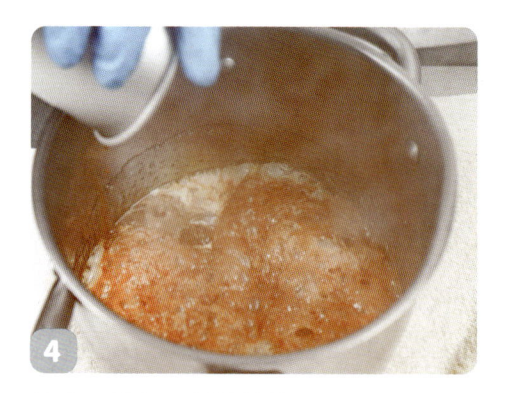

4 熄火，拌勻，焦糖醬放涼備用。

5 將桂圓乾加入養樂多。

6 完全浸泡，冷藏放置一晚。

● 常溫系列

7. 無鹽奶油切小塊，室溫回軟，放入攪拌缸中，使用槳狀攪拌器拌勻。

8. 換成球狀攪拌器。

9. 加入細砂糖②、海藻糖。

10. 拌勻。

11. 加入海樂糖。

12. 拌勻。

13. 分次加入蛋黃、全蛋。

14. 攪拌均勻。

15. 再加入剩餘的蛋液。

57

16 分次加入焦糖醬,使用刮刀拌勻。

17 加入篩好的粉類,使用刮刀拌勻。

18 將泡好的桂圓乾瀝乾養樂多加入。

19 加入烤熟的核桃。

20 使用刮刀攪拌。

21 攪拌均勻。

● 常溫系列

22 模具噴上烤焙油,或是抹上無鹽奶油。

23 每模裝約 400 公克。
烤箱,上下火 175/180℃,烤焙 30 分鐘,調頭再烤 7 分鐘。

24 烤好取出,直接脫模,放涼。

25 磅蛋糕可以刷上糖水,保持濕潤度,表面可使用堅果裝飾。

26 裝飾用的堅果,需先烤熟放涼。

27 磅蛋糕放涼後才可以切。

59

Fig Pound Cake

無花果磅蛋糕

● 常溫系列

● 烤溫 / Baking Temperature
上下火 175/180°C，30 分鐘調頭 7 分鐘

● 份量 / Quantity
每模約 400 公克，約 2 條

● 器具 / Appliance
磅蛋糕模具 - 長寬高 17*6.5*7 公分
也可以使用喜歡的模具

● 小叮嚀 / Tip
①醃漬無花果乾：無花果乾 330 克、二砂糖 17.5 克、香草莢 1 根、蘭姆酒 11 克、蜂蜜 6 克放入鍋中，加入淹過果乾的水量煮滾，放涼，放入冰箱冷藏醃漬 1 週使用。
②也可以使用市售醃漬無花果乾。
③烤好蛋糕可以趁熱刷上糖水（糖：水 = 1：1），蛋糕體會更保持濕潤。

醃漬好的無花果乾會呈現美麗的琥珀焦糖色，可直接食用，也可以用來當麵包蛋糕的夾心使用。

● 材料 / Ingredient

麵糊材料		重量（克）
A	細砂糖①	50
	水	15
	動物性鮮奶油	23.5
	無花果果泥	64
	蘭姆酒	5
B	無鹽奶油	112
	細砂糖②	56
	海樂糖	18
	麥芽糖	14
C	蛋黃	66
	全蛋	18
D	低筋麵粉	68
	高筋麵粉	48
	泡打粉	4
E	糖漬無花果	66.8
	杏桃果乾	
	核桃	36
合計		664.3

裝飾材料		重量（克）
F	烤熟胡桃	適量
	烤熟南瓜子	適量
	杏桃乾	適量
	醃漬無花果乾	適量
	食用金箔	適量

• 作法 / Method

1. 細砂糖①加水。

2. 事先將動物性鮮奶油煮到60°C，備用。細砂糖煮到焦糖色後，慢慢沖入溫好的動物性鮮奶油，拌勻完成焦糖醬。

3. 焦糖醬加入無花果泥。

4. 加入蘭姆酒拌勻，備用。

5. 無鹽奶油切小塊，室溫回軟，放入攪拌缸中，使用網狀攪拌器打至變白。

6. 加入細砂糖、海樂糖、麥芽糖拌勻。

7. 分次加入蛋黃、全蛋攪拌均勻。

8. 加入篩好的粉類，使用槳狀攪拌器拌勻。

9. 分次加入無花果焦糖醬攪拌均勻。

10 加入熟核桃、糖漬無花果乾、切半杏桃果乾。

11 使用刮刀拌勻。

12 模具噴上烤焙油，或是抹上無鹽奶油。

13 先擠 250 公克的麵糊。

14 挑選小顆的醃漬無花果底部沾上高筋麵粉。

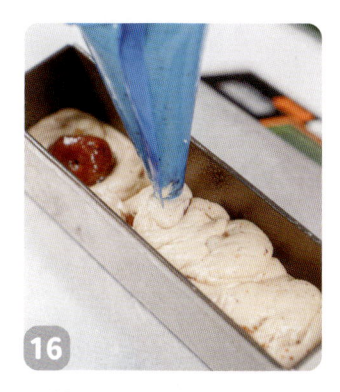

15 平均擺入。

16 再擠入 150 公克的麵糊。輕敲放入烤箱，上下火 175 / 180℃，烤焙 30 分鐘，調頭再烤 7 分鐘。

17 烤好取出，直接脫模，放涼。磅蛋糕可以刷上糖水，保持濕潤度，表面可使用堅果裝飾。

18 可參考圖中的裝飾手法。

Wreath Lemon Pound Cake

• 常溫系列

花圈檸檬磅蛋糕

• 烤溫 / Baking Temperature

上下火 175/180°C，30 分鐘調頭 7 分鐘

• 份量 / Quantity

每模約 400 公克，約 2 模

• 器具 / Appliance

6 吋圓形蛋糕模具
也可以使用喜歡的模具

• 小叮嚀 / Tip

①檸檬糖霜作法：將檸檬汁、糖粉攪拌均勻（濃度可以自行調整，如果太乾可加檸檬汁、太稀可以再加糖粉），烤好蛋糕放涼，表面刷上一層裝飾。
②烤好蛋糕可以趁熱刷上糖水（糖：水 = 1：1），蛋糕體會更保持濕潤。
③蛋糕烤好後放涼，刷上檸檬糖霜後，可以直接刨上綠檸檬皮裝飾。

• 材料 / Ingredient

檸檬磅蛋糕材料		重量（克）
A	檸檬皮①	3
	細砂糖	104
	海藻糖	33
B	全蛋	246
	蛋黃	24
	海樂糖	35
C	杏仁蛋白粉	49
	低筋麵粉	193
	泡打粉	2
D	檸檬汁①	33
E	無鹽奶油	154
	沙拉油	55
合計		932

檸檬糖霜材料		重量（克）
F	糖粉	62
	檸檬汁②	13.5
合計		75.5

裝飾材料		重量（克）
G	食用乾燥花	適量
	檸檬皮②	適量
	橘香切丁	適量

65

• 作法 / Method

1 檸檬皮①加細砂糖、海藻糖拌勻。

2 攪拌缸中加入全蛋、蛋黃、步驟 1 的檸檬皮糖。

3 再加入海樂糖拌勻。

4 隔水加熱煮到 40°C。

5 使用球狀攪拌器。

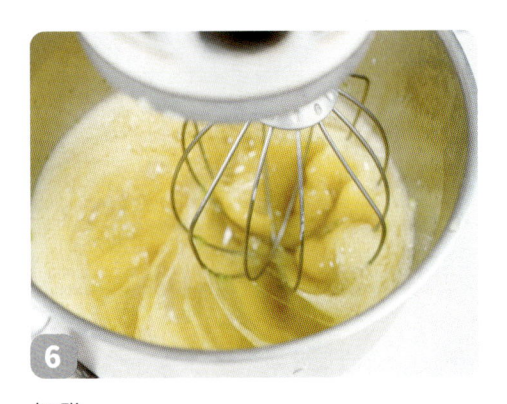

6 打發。

• 常溫系列

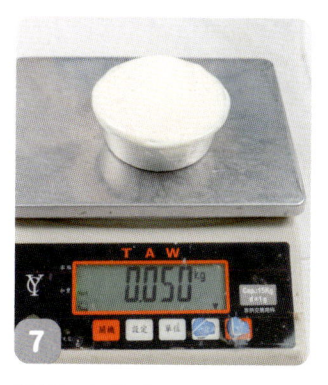

7. 比重 50 公克。

8. 分次倒入篩好的粉類。

9. 使用刮刀拌勻，加入檸檬汁①。

10. 由下往上拌，倒入融化的無鹽奶油、沙拉油拌勻。

11. 比重 140 公克。

12. 模具噴上烤焙油，或是抹上無鹽奶油。

13. 倒入 400 公克的麵糊。放入烤箱，上下火 175 / 180°C，烤焙 30 分鐘，調頭再烤 7 分鐘。

14. 烤好取出，直接脫模，放涼。磅蛋糕可以刷上糖水，保持濕潤度。

15. 可參考圖中的裝飾手法，使用檸檬糖霜、食用乾燥花、檸檬皮②、橘香切丁裝飾。

67

冷藏系列

Cake & Puffs & Tartes & Dacquoise

法布甜
AR's Patisserie

Miss Lemon Cake

● 冷藏系列

檸檬小姐蛋糕

● 烤溫 / Baking Temperature

上下火 200/180℃，20 分鐘調頭 12 分鐘

● 份量 / Quantity

每模約 310 公克，約 2 模
檸檬餡每顆約 250 公克
香緹每顆約 200 公克

● 器具 / Appliance

6 吋圓型模具、透明圍邊紙、8 齒花嘴

● 小叮嚀 / Tip

①檸檬餡作法：
（可參考 P.106 檸檬塔的檸檬餡作法）
1. 材料 C 攪拌均勻，備用。
2. 材料 D 攪拌均勻，浸泡 30 分鐘。
3. 材料 E 放入鍋中煮滾，加入材料 C 拌勻，再加入材料 D 拌勻，使用均質機打勻。
4. 放涼裝入擠花袋備用。

②香緹鮮奶油作法：
1. 材料 F 放入攪拌缸中，網狀攪拌器打發。
2. 裝入擠花袋備用。

● 材料 / Ingredient

蛋糕體材料		重量(克)
A	沙拉油	83
	鮮奶	75
	蛋黃①	100
	低筋麵粉	105
B	蛋白①	189
	細砂糖①	111
	塔塔粉	2
	蛋白粉	2
合計		667

檸檬餡材料 (作法 P.108)		重量(克)
C	蛋黃②（殺菌）	80
	玉米粉	15
	蛋白②（殺菌）	138
D	吉利丁粉	7
	水	33
E	綠檸檬汁	133
	黃檸檬果泥	65
	細砂糖②	58
	海藻糖	29
	百香果汁	15
	無鹽奶油	145
合計		717

香緹鮮奶油材料 (作法 P.81)		重量(克)
F	動物性鮮奶油	210
	煉乳	30
合計		240

• 作法 / Method

1 沙拉油、鮮奶、蛋黃①放入鋼盆中攪拌均勻。

2 加入篩好的低筋麵粉。

3 攪拌均勻。

4 將蛋白放入攪拌缸中,加入一半的細砂糖①。

5 使用網狀攪拌器。

6 打至變白。

7 加入剩餘細砂糖①打至乾性發泡。

8 加入篩好的塔塔粉、蛋白粉,打勻。

9 打至比重 45。

• 冷藏系列

10 將打好的蛋白霜加入蛋黃糊中。

11 使用刮刀拌勻。

12 由下往上拌勻。

13 打至比重 87。

14 使用 6 吋蛋糕模，噴上烤焙油。

15 每個約 310 公克。放入烤箱，上下火 200 / 180°C，烤焙 20 分鐘，調頭再烤 12 分鐘。

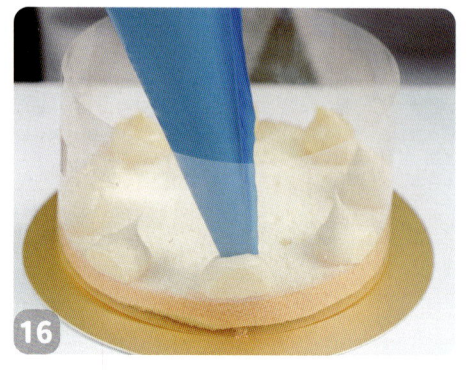

16 將蛋糕脫模後，平切成 3 等分。取一個蛋糕圍邊放入一片蛋糕體，照圖平均擠入檸檬餡。

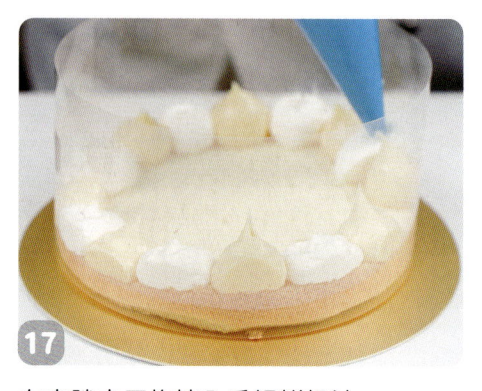

17 在空隙中平均擠入香緹鮮奶油。

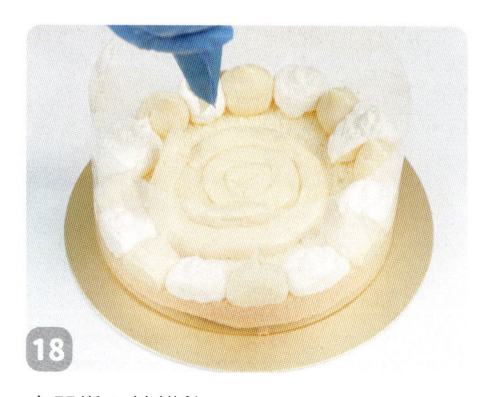

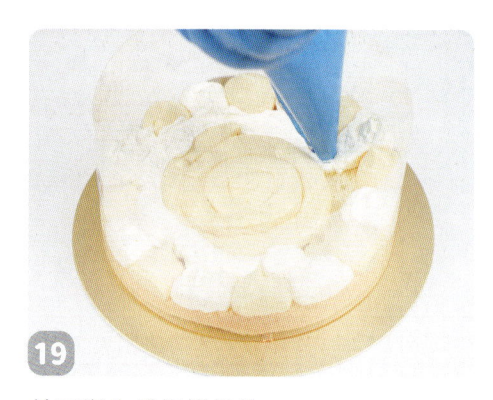

18 中間填入檸檬餡。

19 外圈填入香緹鮮奶油。

20 再放入一片蛋糕體。

21 同樣手法擠入檸檬餡。

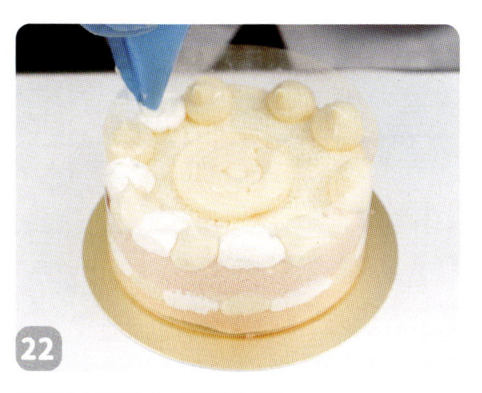

● 冷藏系列

22 同樣手法擠入香緹鮮奶油。

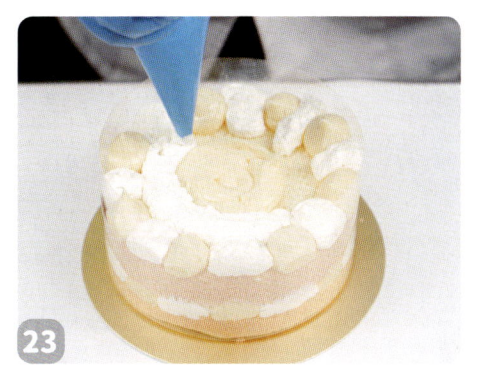

23 同樣手法擠入香緹鮮奶油。

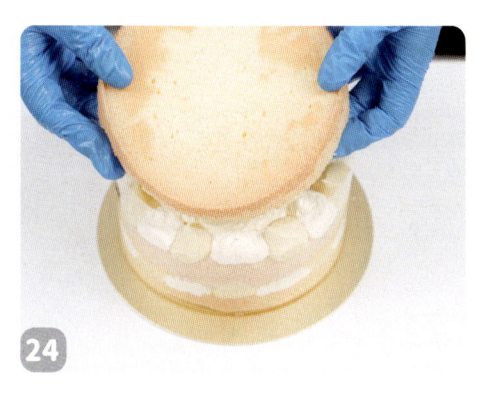

24 再蓋上一片蛋糕體。

25 表面抹上檸檬餡。

26 使用 16 齒花嘴依照圖片擠出裝飾。

27 刨上檸檬皮屑。

Miss Taro Cake

● 冷藏系列

芋頭小姐蛋糕

● 烤溫 / Baking Temperature

上下火 200/180°C，20 分鐘調頭 12 分鐘

● 份量 / Quantity

每模約 310 公克，約 2 模
芋頭餡每顆約 200 公克
香緹每顆約 100 公克
海鹽焦糖卡士達餡每顆約 200 公克

● 器具 / Appliance

6 吋圓型模具、透明圍邊紙、8 齒花嘴

● 小叮嚀 / Tip

①芋頭餡作法：
（也可參考 P.122 芋頭塔的芋頭餡作法）
1. 現成低糖芋頭餡放入攪拌缸中，打軟。
2. 視軟硬度加入動物性鮮奶油①調整至喜歡的軟硬度，裝入擠花袋備用。

②香緹鮮奶油作法：
1. 材料 E 放入攪拌缸中，網狀攪拌器打發。
2. 裝入擠花袋備用。

● 材料 / Ingredient

蛋糕體材料 (作法 P.72)		重量 (克)
A	沙拉油	83
	鮮奶	75
	蛋黃	100
	低筋麵粉	105
B	蛋白	189
	細砂糖①	111
	塔塔粉	2
	蛋白粉	2
合計		667

芋頭餡材料 (作法 P.123)		重量 (克)
C	芋頭餡（低糖）	230
D	動物性鮮奶油①	94
合計		324

香緹材料 (作法 P.81)		重量 (克)
E	動物性鮮奶油②	210
	煉乳	30
合計		240

海鹽焦糖卡士達餡材料 (作法 P.99)		重量 (克)
F	水	5
	細砂糖②	51
G	無鹽奶油	25
	動物性鮮奶油③	32
合計		113

裝飾材料 (作法 P.115)		重量 (克)
H	巧袋小花	適量

• 作法 / Method

1 請參考 P.72 蛋糕體作法,每模約 310 公克。放入烤箱,上下火 200 / 180°C,烤焙 20 分鐘,調頭再烤 12 分鐘。

2 準備芋頭餡。

3 準備焦糖卡士達餡。

4 將蛋糕脫模後,平切成 3 等分。取一個蛋糕圍邊放入一片蛋糕體,中心擠入焦糖卡士達餡。

5 邊緣擠入香緹鮮奶油。

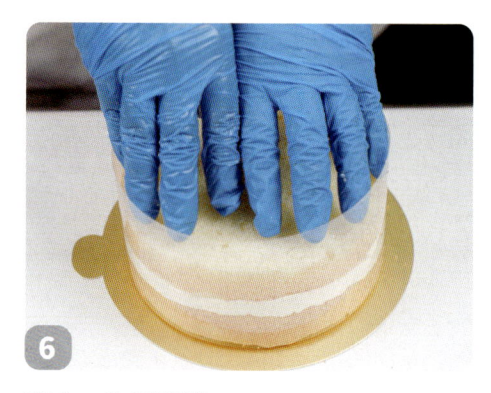

6 蓋上一片蛋糕體。

● 冷藏系列

7. 中心再擠入焦糖卡士達餡。

8. 可用繞圈的方式擠。

9. 同樣手法邊緣再擠上香緹鮮奶油。

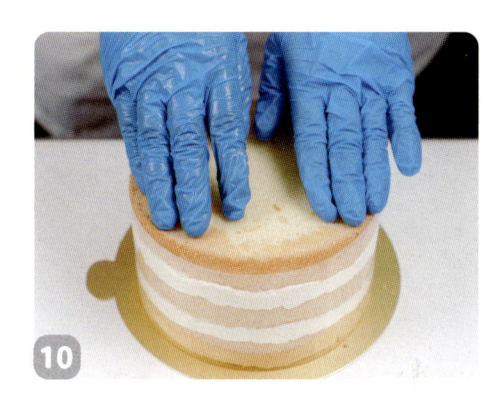

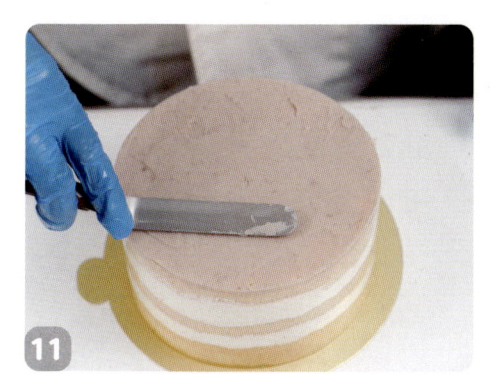

10. 蓋上蛋糕體。

11. 表面抹上芋頭餡。

12. 使用 16 齒花嘴依照圖片擠出裝飾。

Milk Roll Cake

● 冷藏系列

原味生乳捲

● 烤溫 / Baking Temperature

上下火 215/170°C，12 分鐘調頭 2 分鐘

● 份量 / Quantity

每盤約 1300 公克，約 4 條
生乳香緹每條約 240 公克

● 器具 / Appliance

60*40 公分烤盤

● 小叮嚀 / Tip

①生乳香緹作法：
　1. 材料 D 放入攪拌缸中，網狀攪拌器打發。
　2. 裝入擠花袋備用。

生乳香提建議選用乳脂含量 35% 以上的動物性鮮奶油，打發時須維持溫度在 4°C 以下，就能增加打發的成功率。

● 材料 / Ingredient

蛋糕體材料		重量 (克)
A	鮮奶	175
	愛樂薇無鹽奶油	85
	高筋麵粉	40
	NIPPI 鑽石低筋麵粉	100
B	蛋黃	190
	蛋白①	95
C	蛋白②	430
	蜂蜜	25
	細砂糖①	160
	蛋白粉	15
合計		1315

生乳香緹材料		重量 (克)
D	動物性鮮奶油	920
	細砂糖②	60
合計		980

81

• 作法 / Method

1. 鮮奶加無鹽奶油加熱至 70°C。

2. 沖入混合過篩好的粉類中，燙麵。

3. 攪拌均勻，加入蛋黃、蛋白①拌勻成蛋黃糊備用。

4. 蛋白②放入攪拌缸中打至起泡，倒入一半的細砂糖①及塔塔粉、蛋白粉。

5. 使用網狀攪拌器打至乾性發泡。

6. 分次加入蛋黃糊中。

7. 使用刮刀由下往上拌勻。

8. 取兩個烤盤疊起，鋪上烤焙紙。

9. 倒入麵糊使用刮刀刮平。放入烤箱，上下火 215 / 170°C，烤焙 12 分鐘，調頭再烤 2 分鐘。

● 冷藏系列

10 取出放涼,翻面撕下烤焙紙,此面向上。

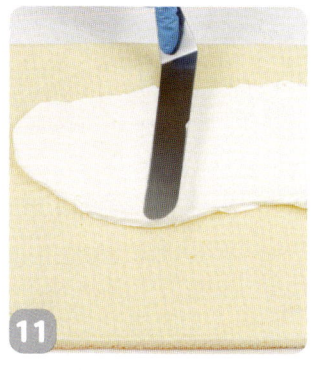

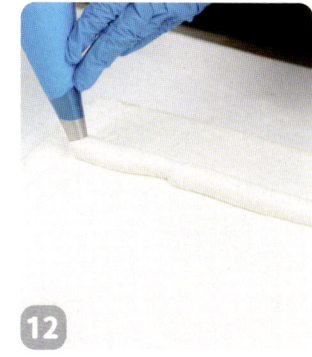

11 抹上香緹鮮奶油。

12 約離底部 10 公分處,擠上香緹鮮奶油。

13 擠約 150 公克。

14 使用擀麵棍輔助,捲起。

15 輕輕往前捲起,要小心將蛋糕體托起往前捲。

16 慢慢捲,邊捲手要拉高,往前將蛋糕體捲起。

17 另一隻手輔助,拉住烤焙紙,使用擀麵棍將蛋糕捲壓緊實。

18 冰冷藏 3 小時,再切成適當的大小。

83

Chocolate Roll Cake

● 冷藏系列

巧克力生乳捲

● 烤溫 / Baking Temperature

上下火 215/170°C，12 分鐘調頭 2 分鐘

● 份量 / Quantity

每盤約 1200 公克，約 4 條
生乳香緹每條約 220 公克
巧克力餡每條約 100 公克

● 器具 / Appliance

60*40 公分烤盤

● 小叮嚀 / Tip

①生乳香緹作法：
（也可參考 P.80 生乳捲的生乳香緹作法）
　1. 材料 D 放入攪拌缸中，網狀攪拌器打發。
　2. 裝入擠花袋備用。
②巧克力餡作法：
　1. 鮮奶加動物性鮮奶油②煮到 60°C，沖入巧克力中，浸泡 10 分鐘讓巧克力融化，使用均質機打均勻。
　2. 動物性鮮奶油③放入攪拌缸中，網狀攪拌器打發，慢慢加到巧克力中拌勻。
　3. 裝入擠花袋備用。
③捲好的蛋糕捲建議冷藏 30 分鐘後再切。

● 材料 / Ingredient

蛋糕體材料		重量（克）
A	水	155
	無鹽奶油	45
	深黑可可粉	25
	黑巧克力	45
	高筋麵粉	30
	NIPPI 鑽石低筋麵粉	80
B	蛋黃	175
	蛋白①	80
C	蛋白②	410
	細砂糖①	165
	蛋白粉	13
合計		1223

生乳香緹材料（作法 P.81）		重量（克）
D	動物性鮮奶油①	920
	細砂糖②	60
合計		980

巧克力餡材料		重量（克）
E	鮮奶	24
	愛樂薇動物性鮮奶油②	84
	調溫黑巧克力	90
	免調溫黑巧克力	90
	愛樂薇動物性鮮奶油③	192
合計		480

85

• 作法 / Method

1. 水加無鹽奶油上爐加熱至 70°C。

2. 加入深黑可可粉、黑巧克力靜置 10 分鐘，拌勻。

3. 加入過篩好的高筋麵粉、低筋麵粉拌勻。

4. 加入蛋黃、蛋白①攪拌均勻，完成巧克力蛋黃糊。

5. 蛋白②放入攪拌缸中打至起泡，倒入一半的細砂糖①及蛋白粉，使用網狀攪拌器打至乾性發泡。

6. 分次加入巧克力蛋黃糊中。

7. 使用刮刀由下往上拌勻。

8. 取兩個烤盤疊起，鋪上烤焙紙。

9. 倒入麵糊使用刮刀刮平。放入烤箱，上下火 215 / 170°C，烤焙 12 分鐘，調頭再烤 2 分鐘。

• 冷藏系列

10 取出放涼，翻面撕下烤焙紙，此面向上。

11 抹上香緹鮮奶油。

12 約離底部 10 公分處，擠上香緹鮮奶油。

13 再幾擠約 100 公克的巧克力餡。

14 使用擀麵棍輔助，捲起。

15 輕輕往前捲起，要小心將蛋糕體托起往前捲。

16 慢慢捲，邊捲手要拉高，往前將蛋糕體捲起。

17 另一隻手輔助，拉住烤焙紙，使用擀麵棍將蛋糕捲壓緊實。

18 冰冷藏 3 小時，再切成適合的大小。

87

Strawberry boîte à bijoux

● 冷藏系列

草莓珠寶盒

● 烤溫 / Baking Temperature

上下火 200/180°C，20 分鐘調頭 12 分鐘

● 份量 / Quantity

每盤約 1100 公克，約 8 盒
香草卡士達醬每盒約 70 公克
香緹每盒約 120 公克
草莓醬每盒約 50 公克

● 器具 / Appliance

60*40 公分烤盤
盒子可以使用家中現有的保鮮盒製作

● 小叮嚀 / Tip

①草莓醬作法：
市售草莓醬可以視口味再加些檸檬汁調整味道，比例可依照喜好調整。

②香緹鮮奶油作法：
1. 動物性鮮奶油 460 克加細砂糖 30 克放入攪拌缸中，網狀攪拌器打發。
2. 裝入擠花袋備用。

● 材料 / Ingredient

蛋糕體材料		重量（克）
A	沙拉油	122
	深黑巧克力	44
	可可粉	48
	小蘇打粉	2
	水	122
	海樂糖	20
B	蛋黃	190
	NIPPI 鑽石低筋麵粉	136
	玉米粉	14
C	蛋白	374
	細砂糖	180
	塔塔粉	2
合計		1255

草莓醬材料		重量（克）
D	草莓醬	250
	檸檬汁	25
合計		275

裝飾材料		重量（克）
E	香草卡士達醬（作法 P.115）	280
	香緹（作法 P.81）	480
	新鮮草莓	適量
	食用金箔	適量

89

• 作法 / Method

1. 沙拉油加熱至有油紋,加入深黑巧克力、可可粉、小蘇打粉、水及海樂糖攪拌均勻。

2. 加入蛋黃。

3. 攪拌均勻。

4. 再加入篩好的低筋麵粉、玉米粉攪拌均勻,完成巧克力蛋黃糊。

5. 蛋白放入攪拌缸中打至起泡,加入細砂糖及塔塔粉。

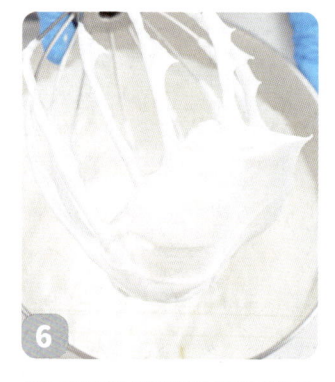

6. 使用網狀攪拌器打至乾性發泡。

7. 分次加入巧克力蛋黃糊中,使用刮刀由下往上攪拌均勻。

8. 取兩個烤盤疊起,鋪上烤焙紙。

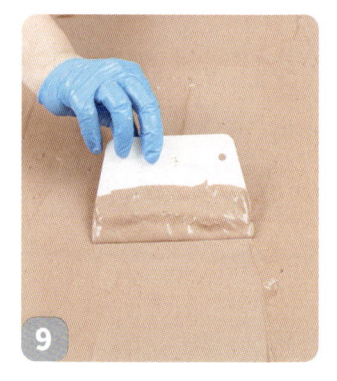

9. 倒入麵糊使用刮刀刮平。放入烤箱,上下火 200 / 180°C,烤焙 20 分鐘,調頭再烤 12 分鐘。

● 冷藏系列

法布甜
AR's Patisserie

10 蛋糕體出爐放涼，切成適當的大小放入模具中。

11 擠入香草卡士達醬。

12 擺上切半的草莓。

13 再擠香緹。

14 使用香緹填滿草莓與蛋糕的縫隙。

15 再將香草卡士達醬覆蓋（可依照喜好填到適當的高度）。

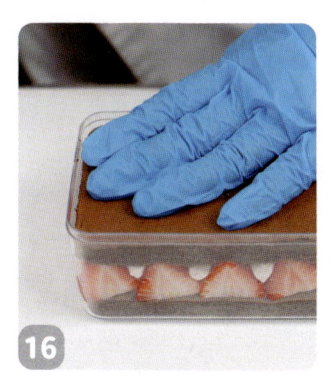

16 再蓋上一層蛋糕體。

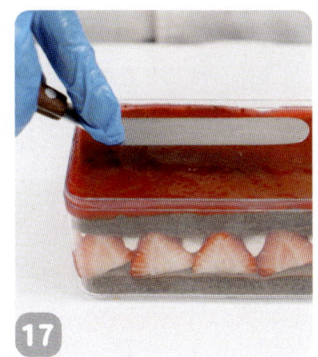

17 表面擠上草莓醬，使用抹刀抹平表面。

18 參考圖中的裝飾手法，擠上香緹裝飾，擺上草莓、點綴上食用金箔。

91

Taro boîte à bijoux

芋頭珠寶盒

● 冷藏系列

● 烤溫 / Baking Temperature
烤箱上下火 200/180°C，20 分鐘調頭 5 分鐘

● 份量 / Quantity
每盤約 960 公克，約 8 盒
焦糖卡士達醬每盒約 50 公克
香緹每盒約 70 公克
布丁每盒約 50 公克
芋泥餡每盒約 120 公克

● 器具 / Appliance
60*40 公分烤盤、15.5*15.5 公分盒子

● 小叮嚀 / Tip

①布丁液作法：
1. 細砂糖②、布丁粉加水放入鍋中，煮到糖融化，熄火加入無鹽奶油拌勻。
2. 倒入容器中，冰入冷藏凝固，備用。

②香緹鮮奶油作法：
1. 動物性鮮奶油 460 克加細砂糖 30 克放入攪拌缸中，網狀攪拌器打發。
2. 裝入擠花袋備用。

● 材料 / Ingredient

蛋糕體材料

	材料	重量（克）
A	沙拉油	93
	鮮奶	88
	海樂糖	15
	蛋黃	172
B	低筋麵粉	130
	玉米粉	17
	全脂奶粉	15
C	蛋白	311
	細砂糖①	150
	蛋白粉	2
	塔塔粉	2
合計		**994**

布丁液材料

	材料	重量（克）
D	細砂糖②	80
	布丁粉	60
	水	530
	無鹽奶油	30
合計		**700**

裝飾材料

	材料	重量（克）
E	海鹽焦糖卡士達醬 (作法 P.99)	200
	香緹 (作法 P.81)	280
	芋頭餡 (作法 P.123)	480
	食用金箔	適量

93

• 作法 / Method

1 沙拉油、鮮奶、海樂糖、蛋黃放入鋼盆中攪拌均勻。

2 加入過篩好的低筋麵粉、玉米粉、全脂奶粉拌勻。

3 攪拌均勻完成蛋黃糊。

4 蛋白放入攪拌缸中打至起泡,倒入一半的細砂糖①及蛋白粉、塔塔粉。

5 打到有紋路再加入剩餘的細砂糖,再打到比重約45。

6 分次加入蛋黃糊中拌勻。

7 刮刀由下往上拌勻。

8 取兩個烤盤疊起,鋪上烤焙紙。

9 倒入麵糊使用刮刀刮平。放入烤箱,上下火 200 / 180°C,烤焙 20 分鐘,調頭再烤 5 分鐘。

● 冷藏系列

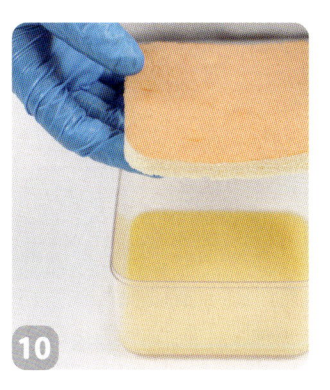

10 將模具灌入布丁液凝固，蛋糕體出爐放涼，切成適當的大小放入模具中。

11 擠入焦糖卡士達醬。

12 整個填滿。

13 再擠香緹。

14 將焦糖卡士達醬覆蓋。

15 （可依照喜好填到適當的高度）。

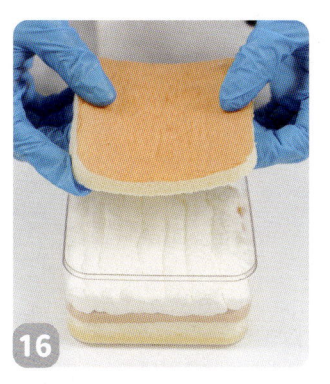

16 再蓋上一層蛋糕體。

17 表面擠上芋頭餡，使用抹刀抹平表面。

18 參考圖中的裝飾手法，擠上芋頭餡裝飾，點綴上食用金箔。

95

Puffs

又稱「奶油空心餅」,是一種源自法國的球形糕點。常見的泡芙會從蓬鬆張孔的麵皮中包裹鮮奶油、巧克力或冰淇淋。

岩石泡芙

烤溫 / Baking Temperature
烤箱上下火 170°C，25 分鐘

份量 / Quantity
約 30 顆，每顆內餡約 35 公克

器具 / Appliance
平口花嘴

小叮嚀 / Tip

①塌陷：
1. 烘烤不足：確保表面和裂縫處都上色，否則內部仍然柔軟。
2. 中途開烤箱門：切記烤泡芙過程中不能開烤箱門，溫度驟降會導致泡芙塌陷。

②泡芙不膨脹：
1. 麵粉沒有燙熟：麵粉需要在熱水中糊化，鍋中物煮沸后再加入低筋麵粉。
2. 麵粉加熱太久：麵粉糊化的溫度約 80 度，加熱過久影響膨脹。只需加熱至麵糊軟化，顆粒變粗。
3. 蛋液過多或過少：蛋液過多麵糊會太稀，不易成形；蛋液若不夠，泡芙則無法充分膨脹。

③泡芙形狀難看：
1. 烘烤前未調整好形狀。
2. 擠的時候，切記不要螺旋狀擠；要固定在一個點往下擠。

材料 / Ingredient

泡芙材料

	泡芙材料	重量（克）
A	無鹽奶油	68
	細砂糖①	6.8
	水	168
	海鹽	3.6
B	低筋麵粉	141
C	全蛋	182
D	杏仁角	適量
	細砂糖②	適量
合計		569.4

內餡材料

	內餡材料	重量（克）
E	香草卡士達醬 (作法 P.115)	35 / 顆
	海鹽焦糖卡士達醬 (作法 P.99)	35 / 顆
	巧克力卡士達醬 (作法 P.98)	35 / 顆
	抹茶卡士達醬 (作法 P.99)	35 / 顆

巧克力卡士達醬

● 材料 / Ingredient

	巧克力卡士達醬材料	重量（克）
A	蛋黃	96
	細砂糖	30
	香草莢	1 根
	低筋麵粉	7
	鮮奶	250
B	75%巧克力	40
合計		**420**

① 蛋黃、細砂糖、香草莢（取香草籽）加入低筋麵粉攪拌均勻，備用。
② 鮮奶加熱煮到 60℃，沖入蛋黃糊中，再上爐煮滾。
③ 熄火，加入 75%巧克力，攪拌至融化。

鮮奶加入時，須邊加入邊攪拌，避免蛋黃結塊變成蛋花湯。

加入巧克力時須熄火，避免油水分離，慢慢攪拌輔助融化。

煮好的卡士達醬，表面服貼貼上保鮮膜，放涼，這樣可以避免表面結皮。

抹茶卡士達醬

● 材料 / Ingredient

抹茶卡士達醬材料		重量 (克)
A	蛋黃	24
	細砂糖	16
	抹茶粉	3
	低筋麵粉	4
	玉米粉	5
	鮮奶	100
B	無鹽奶油	7
合計		159

①蛋黃、細砂糖、抹茶粉、低筋麵粉、玉米粉攪拌均勻，備用。
②鮮奶加熱煮到 60°C，沖入蛋黃糊中，再上爐煮滾。
③熄火，加入無鹽奶油，攪拌至融化。

海鹽焦糖卡士達醬

● 材料 / Ingredient

海鹽焦糖卡士達醬材料		重量 (克)
A	香草卡士達醬 (作法 P.115)	100
B	海鹽焦糖醬 (作法 P.55)	40
合計		140

①香草卡士達醬作法：
(參考 P.114 草莓塔的香草卡士達醬作法)
②海鹽焦糖醬作法：
(參考 P.55 桂圓磅蛋糕的海鹽焦糖醬作法)
③將香草卡士達醬加上海鹽焦糖醬拌勻，裝入擠花袋中備用。

● 作法 / Method

1. 無鹽奶油加水、細砂糖①、鹽。
2. 煮滾。 
3. 熄火加入過篩好的低筋麵粉。  
4. 再回煮,邊煮邊攪拌。 
5. 麵團會越來越成形。 
6. 煮至鍋底有黏皮白白的。 
7. 將麵團取出,放入攪拌缸中使用槳狀攪拌器。 
8. 分次加入全蛋打均勻。 
9. 取不沾烤焙墊,底下墊上畫好圓的紙模,放在烤盤上面。

• 冷藏系列

10 將麵糊裝入擠花袋中,使用平口花嘴擠出圓。

11 距離烤盤約 1 公分擠。

12 表面撒上杏仁角。

13 冰冷凍半小時。

14 撒上細砂糖②,放入烤箱,上下火 170℃,烤焙 25 分鐘。

15 出爐後放涼可依照喜歡口味擠內餡,此圖為擠入香草卡士達醬。

16 擠入巧克力卡士達醬。

17 擠入焦糖卡士達醬。

18 擠入抹茶卡士達醬。

101

Chocolate Tartes

● 冷藏系列

巧克力塔

● 烤溫 / Baking Temperature

烤箱上下火 170°C，20 分鐘

● 份量 / Quantity

塔殼每顆約 23 公克，約 10 顆
巧克力餡每顆約 60 公克，約 10 顆

● 器具 / Appliance

直徑 6 公分塔模、平口花嘴

● 小叮嚀 / Tip

①表面裝飾可以使用不同花嘴製作。
②也可以使用香緹裝飾表面。

● 材料 / Ingredient

	塔殼材料	重量 (克)
A	無鹽奶油	100
	鹽	5
B	全蛋	65
C	低筋麵粉	240
	糖粉	50
合計		460

	巧克力餡材料	重量 (克)
D	動物性鮮奶油	167
	可可粉	42
E	法芙娜阿拉瓜尼巧克力	53
	艾肯巧克力 72%	223
	苦甜巧克力	69
	動物性鮮奶油	575
	無鹽奶油	153
合計		1282

	裝飾材料	重量 (克)
F	防潮可可粉	適量

• 作法 / Method

1 冰硬無鹽奶油切小塊和鹽放入攪拌缸中,加入過篩好的糖粉。

2 使用槳狀攪拌器,拌勻後分次加入全蛋攪拌均勻。

3 再加入過篩的低筋麵粉。

4 攪拌成糰。

5 取不沾烤焙布擺上麵糰,再蓋上一張不沾烤焙布,使用擀麵棍擀開。

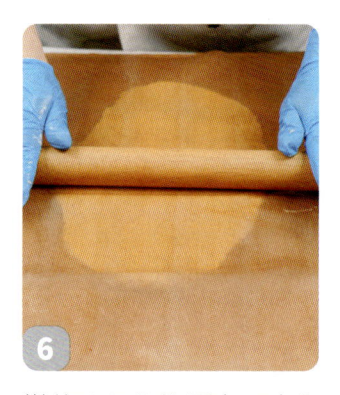

6 擀約 0.3 公分厚度,冰入冷藏鬆弛 1 小時。

7 使用模具壓出形狀。

8 再切出每條寬 1.5 公分的長條狀。

9 放入塔模中,捏出塔,放入烤箱,上下火 170°C,烤焙 20 分鐘。

● 冷藏系列

10 將動物性鮮奶油加熱至 60°C。

11 一半倒入可可粉中。

12 攪拌均勻。

13 另一半動物性鮮奶油加入巧克力,靜置 10 分鐘。

14 攪拌均勻,混合兩鍋再使用均質機打勻。

15 加入無鹽奶油拌勻。

16 完成巧克力餡。

17 烤好塔模出爐脫模,放涼,填入巧克力餡,表面參考圖片裝飾,撒上防潮可可粉裝飾。

18 切面圖。

Lemon Tartes

檸檬塔又稱家常檸檬塔。在法國，許多檸檬塔食譜中都可以看見一句話："La tarte au citron était servie au roi au début du XIXe siècle. Elle était symbole de richesse et de bonté."十九世紀初，當時的檸檬塔是獻給國王的甜點，象徵財富和善良。由此可見，檸檬塔在法國有著多麼崇高且受歡迎的地位！

法國盛產檸檬的小鎮蒙頓 Menton，位於阿爾卑斯山腳下與地中海間，因盛產檸檬所以每年二月都會舉行盛大的檸檬嘉年華，在這裡孕育出了多款以檸檬為主要食材的甜點，而檸檬塔就是最普遍的一款甜點！

● 冷藏系列

檸檬塔

● 烤溫 / Baking Temperature

烤箱上下火 170°C，20 分鐘

● 份量 / Quantity

塔殼每顆約 23 公克，約 10 顆
檸檬餡每顆約 60 公克，約 10 顆

● 器具 / Appliance

直徑 6 公分塔模、6 齒花嘴

● 小叮嚀 / Tip

表面裝飾可以使用不同花嘴製作。

● 材料 / Ingredient

塔殼材料		重量（克）
A	無鹽奶油	100
	鹽	5
B	全蛋	65
C	低筋麵粉	240
	糖粉	50
合計		460

檸檬餡材料		重量（克）
D	蛋黃（殺菌）	55
	玉米粉	11
	蛋白（殺菌）	110
E	黃檸檬果泥	36
	綠檸檬汁	81
	百香果果泥	39
	細砂糖	49
	海藻糖	32
	無鹽奶油	110
F	吉利丁粉	5
	水	25
合計		554

裝飾材料		重量（克）
G	檸檬皮屑	適量

107

• 作法 / Method

1. 蛋黃加入過篩的玉米粉。 
2. 攪拌均勻。 
3. 再加入蛋白。 
4. 攪拌均勻,備用。 
5. 黃檸檬果泥、綠檸檬汁、百香果果泥、細砂糖、海藻糖放入鍋中。 
6. 加入無鹽奶油上爐。 
7. 中小火慢慢煮。
8. 煮滾。 
9. 倒入蛋液攪拌均勻。

冷藏系列

10 吉利丁粉加水浸泡 30 分鐘，加入拌勻。

11 使用均質機打勻。

12 完成檸檬餡。

13 參考 P.104 塔皮做法。

14 捏好塔皮，放入烤箱，上下火 170℃，烤焙 20 分鐘。

15 烤好塔殼取出脫模，放涼後使用花嘴擠入檸檬餡。

16 由內往外擠。

17 擠一圈成玫瑰花狀。

18 刨上檸檬皮裝飾。

109

Matcha Tartes

110

• 冷藏系列

抹茶塔

● 烤溫 / Baking Temperature

烤箱上下火 170°C，20 分鐘

● 份量 / Quantity

塔殼每顆約 23 公克，約 10 顆
抹茶白巧克力餡每顆約 30 公克，約 10 顆
抹茶餡每顆約 60 公克，約 10 顆

● 器具 / Appliance

直徑 6 公分塔模、16 齒花嘴

● 小叮嚀 / Tip

①表面裝飾可以使用不同花嘴製作。
②也可以不放白玉麻糬做純抹茶內餡。

● 材料 / Ingredient

塔殼材料		重量（克）
A	無鹽奶油①	100
	鹽	5
B	全蛋	65
C	低筋麵粉	240
	糖粉	50
合計		460

抹茶白巧克力餡材料		重量（克）
D	動物性鮮奶油①	330
	抹茶粉①	13
	白巧克力	225
合計		568

抹茶餡材料		重量（克）
E	動物性鮮奶油②	386
	海樂糖	16
	海藻糖	47
F	抹茶粉②	13
	玉米粉	8
	樹薯粉	5
G	吉利丁粉	3
	水	14
H	無鹽奶油②	54
合計		545

內餡、裝飾材料		重量（克）
I	白玉麻糬	10 顆
	珍珠糖	適量

111

● 作法 / Method

1 參考 P.104 塔皮做法。

2 烤好塔殼取出脫模，放涼後放入白玉麻糬，備用。

3 將動物性鮮奶油①加熱到 60°C。

4 將一部分倒在抹茶粉①中攪拌均勻。

5 再倒入白巧克力中。

6 將剩餘的動物性鮮奶油也倒入靜置 10 分鐘，拌勻，使用均質機打勻。

7 將抹茶白巧克力倒入塔殼中冰冷藏凝固。

8 動物性鮮奶油②加入海樂糖、海藻糖放入鋼盆中。

9 上爐加熱到 60°C。

• 冷藏系列

10 將抹茶粉②、玉米粉、樹薯粉過篩。

11 倒入動物性鮮奶油。

12 攪拌均勻。

13 吉利丁粉加水浸泡30分鐘，加入攪拌至融化。

14 再加入無鹽奶油②，拌勻，使用均質機打勻。

15 完成抹茶餡。

16 取出凝固的抹茶塔，使用抹茶餡裝飾表面，可使用花嘴擠花。

17 參考圖中的裝飾手法。

18 可再撒上珍珠糖裝飾。

Strawberry Tartes

草莓塔

● 冷藏系列

法布甜
AR's Patisserie

● 烤溫 / Baking Temperature

烤箱上下火 170°C，20 分鐘

● 份量 / Quantity

塔殼每顆約 120 公克，約 2 顆
香草卡士達餡每顆約 150 公克

● 器具 / Appliance

6 吋圓形塔模、16 齒花嘴

● 小叮嚀 / Tip

草莓洗淨，使用紙巾擦乾，備用。

● 材料 / Ingredient

塔殼材料		重量 (克)
A	無鹽奶油①	100
	鹽	5
B	全蛋	65
C	低筋麵粉	240
	糖粉	50
合計		460

香草卡士達餡材料		重量 (克)
D	鮮奶	188
	動物性鮮奶油	63
	香草夾	1
E	蛋黃	15
	蛋白	10
	細砂糖①	25
	玉米粉	16
F	無鹽奶油②	13
合計		329

巧袋材料		重量 (克)
G	白巧克力	250
	水麥芽	225
	細砂糖②	75
	水	63
合計		613

內餡、裝飾材料		重量 (克)
H	草莓	適量
	檸檬皮	適量

• 作法 / Method

1 參考 P.104 塔皮做法。

2 將鮮奶、動物性鮮奶油、香草莢(取出籽)煮滾。

3 蛋黃、蛋白、細砂糖①、玉米粉放入鋼盆中。

4 攪拌均勻。

5 沖入加熱好的動物性鮮奶油,邊倒邊拌。

6 再上爐煮滾。

7 熄火,加入無鹽奶油②。

8 攪拌均勻。

9 完成香草卡士達餡。

● 冷藏系列

10 水麥芽、細砂糖②、水加熱融化,煮到112°C。

11 倒入白巧克力中。

12 趁熱拌勻。

13 拌至白巧克力融化。

14 同樣手法製作,加入紅色食用色膏,可依喜好加入其他顏色色膏。

15 趁熱拌勻。

16 拌好的巧袋裝入塑膠袋中,擀平,冷藏30分鐘,使用模具做出造型。

17 拌好的巧袋裝入塑膠袋中,擀平,冷藏30分鐘,使用模具做出造型。

18 取塔殼,填入香草卡士達餡,表面抹平,裝飾草莓以、巧袋小花及檸檬皮。

Mango Tartes

芒果塔

● 烤溫 / Baking Temperature

烤箱上下火 160°C，13 分鐘

● 份量 / Quantity

塔殼每顆約 23 公克，約 10 顆
芒果餡每顆約 60 公克

● 器具 / Appliance

5 公分方形塔模、12 齒花嘴

● 小叮嚀 / Tip

①表面裝飾可以使用不同花嘴製作。
②也可以使用香緹裝飾表面。

● 材料 / Ingredient

塔殼材料		重量 (克)
A	無鹽奶油①	100
	鹽	5
B	全蛋	65
C	低筋麵粉	240
	糖粉	50
合計		460

芒果餡材料		重量 (克)
D	芒果果泥	279
	百香果果泥	56
	檸檬果泥	20
	細砂糖	9
	海藻糖	9
E	蛋黃 (殺菌)	38
	蛋白 (殺菌)	105
	玉米粉	16
F	奶油起司	105
G	吉利丁粉	10
	水	51
H	白巧克力	46
I	無鹽奶油②	95
合計		841

內餡、裝飾材料		重量 (克)
J	芒果丁	適量
	巧袋花片 (材料 P.115、作法 P.117)	適量
	珍珠糖	適量

● 冷藏系列

法布甜
AR's Patisserie

119

• 作法 / Method

1. 參考 P.104 塔皮做法。 
2. 製作方形的塔殼。 
3. 放入烤箱，上下火 160°C，烤焙 13 分鐘。 
4. 芒果果泥、百香果果泥、檸檬果泥放入鍋中。 
5. 再加入細砂糖、海藻糖攪拌均勻，煮滾。 
6. 蛋黃、蛋白放入另一個鋼盆攪拌均勻。 
7. 加入篩好的玉米粉。 
8. 攪拌均勻。 
9. 倒入煮滾的芒果餡中，邊倒邊攪拌。

● 冷藏系列

10 再煮至冒小泡泡。

11 熄火加入奶油起司拌勻。

12 吉利丁粉加水浸泡30分鐘，和白巧克力一起加入攪拌至融化。

13 再加入無鹽奶油②拌勻。

14 使用均質機打勻。

15 完成芒果餡。

16 烤好塔殼取出，直接脫模，放涼，塡入芒果餡，表面參考圖片裝飾。

17 也可以使用芒果丁、巧袋花片及珍珠糖裝飾。

18 完成芒果塔。

Taro Tartes

● 冷藏系列

芋頭塔

● 烤溫 / Baking Temperature

烤箱上下火 170°C，20 分鐘

● 份量 / Quantity

塔殼每顆約 23 公克，約 10 顆
芋泥餡每顆約 60 公克

● 器具 / Appliance

直徑 6 公分塔模、平口花嘴

● 小叮嚀 / Tip

①表面裝飾可以使用不同花嘴製作。
②也可以使用香緹裝飾表面。
③內餡也可以不用麻糬，可以做純芋頭餡。

● 材料 / Ingredient

	塔殼材料	重量（克）
A	無鹽奶油①	100
	鹽	5
B	全蛋	65
C	低筋麵粉	240
	糖粉	50
合計		460

	芋頭餡材料	重量（克）
D	去皮芋頭	500
	細砂糖	適量
	無鹽奶油②	100
	動物性鮮奶油	適量
合計		600

	內餡、裝飾材料	重量（克）
E	白芋流心麻糬	10 顆
	紫薯粉	適量
	食用金箔	適量

• 作法 / Method

1 參考 P.104 塔皮做法。

2 製作圓形的塔殼。

3 放入烤箱上下火 170°C，烤焙 20 分鐘。

4 芋頭去皮，蒸熟。

5 蒸熟芋頭趁熱放入攪拌缸中，使用槳狀攪拌器。

6 打成芋頭泥。

7 分次加入細砂糖打勻。

8 可依照喜歡的甜度調整細砂糖的用量。

9 再加入無鹽奶油②打勻。

● 冷藏系列

10 打均勻。

11 分次加入動物性鮮奶油。

12 調整芋頭餡的軟硬度，會因為不同的芋頭，水分含量不同而有所差異。

13 完成芋頭餡。

14 烤好塔殼取出，直接脫模，放涼，放入白玉流心麻糬。

15 使用平口花嘴，參考圖中手法裝飾。

16 表面點綴上食用金箔。

17 撒上紫薯粉。

18 完成芋頭塔。

125

Rose Tartes

● 冷藏系列

玫瑰塔

● 烤溫 / Baking Temperature
烤箱上下火 170°C，20 分鐘

● 份量 / Quantity
塔殼每顆約 23 公克，約 10 顆
草莓乳酪餡每顆約 60 公克

● 器具 / Appliance
直徑 6 公分塔模、6 齒花嘴

● 小叮嚀 / Tip
①表面裝飾可以使用不同花嘴製作。
②也可以使用香緹裝飾表面。
③草莓洗淨，使用紙巾擦乾，備用。

● 材料 / Ingredient

	塔殼材料	重量 (克)
A	無鹽奶油①	100
	鹽	5
B	全蛋	65
C	低筋麵粉	240
	糖粉	50
合計		**460**

	草莓乳酪餡材料	重量 (克)
D	草莓果泥	313
	覆盆子果泥	78
	荔枝果泥	78
	細砂糖	13
	海藻糖	6
	無鹽奶油②	117
	奶油乳酪	156
E	蛋黃 (殺菌)	63
	蛋白 (殺菌)	172
	玉米粉	23
F	吉利丁粉	13
	水	66
G	草莓巧克力	134
合計		**1233**

	內餡、裝飾材料	重量 (克)
H	草莓	10 顆
	食用玫瑰花瓣	適量

• 作法 / Method

1. 參考 P.104 塔皮做法，放入烤箱上下火 170°C，烤焙 20 分鐘。

2. 草莓果泥、覆盆子果泥、荔枝果泥、細砂糖、海藻糖放入鍋中。

3. 加入無鹽奶油②、奶油乳酪，加熱。

4. 煮至奶油乳酪融化。

5. 離火，使用均質機打勻。

6. 蛋黃、蛋白、篩好的玉米粉放入鋼盆中。

7. 攪拌均勻。

8. 將均質好的草莓糊倒入攪拌均勻。

9. 過篩。

● 冷藏系列

10 吉利丁粉加水浸泡30分鐘，連同草莓巧克力加入。

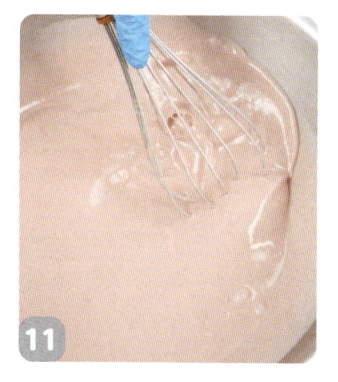

11 攪拌至融化。

12 完成草莓乳酪餡。

13 烤好塔殼取出，直接脫模，放涼，從中心開始擠入草莓乳酪餡。

14 擺入草莓。

15 再從草莓中心擠。

16 由內往外。

17 螺旋狀擠出玫瑰花造型。

18 擺上食用玫瑰花瓣裝飾。

129

Chestnut Tartes

簡稱栗子蛋糕，是一種以栗子為原料製成的法式甜點，其法語名稱因甜點形狀類似「覆雪的白朗峰」而得名。

● 冷藏系列

栗子塔

● 烤溫 / Baking Temperature

烤箱上下火 170°C，20 分鐘

● 份量 / Quantity

塔殼每顆約 25 公克，約 10 顆
栗子餡每顆約 80 公克

● 器具 / Appliance

直徑 6 公分塔模、蒙布朗花嘴

● 材料 / Ingredient

塔殼材料		重量 (克)
A	無鹽奶油①	100
	鹽	5
B	全蛋	65
C	低筋麵粉	240
	糖粉	50
合計		460

栗子餡材料		重量 (克)
D	栗子	500
	海樂糖	適量
	無鹽奶油②	100
	動物性鮮奶油	適量
合計		600

內餡、裝飾材料		重量 (克)
E	栗子 (整顆)	10 顆
	防潮糖粉	適量
	食用金箔	適量

131

● 作法 / Method

1. 參考 P.104 塔皮做法。

2. 製作圓形的塔殼。

3. 放入烤箱上下火 170°C，烤焙 20 分鐘。

4. 取熟栗子，放入攪拌缸中使用槳狀攪拌器。

5. 加入海樂糖打成泥狀。

6. 加入無鹽奶油②打勻。

7. 攪拌均勻。

8. 可停機刮缸。

9. 打不散可以隔水加熱，讓無鹽奶油有點熱度。

● 冷藏系列

10 分次加入動物性鮮奶油。

11 調整軟硬度。

12 完成栗子餡。

13 烤好塔殼取出，直接脫模，放涼，依照切面圖，中間擺栗子，周圍填入栗子餡。

14 頂端再裝飾一顆栗子，可以撒點防潮糖粉裝飾。

15 完成栗子塔。

Croissant Egg Tart

可頌千層蛋塔

- 烤溫 / Baking Temperature

烤箱上下火 175°C，30 分鐘調頭 3 分鐘

- 份量 / Quantity

千層蛋塔皮每片直徑 11 公分，約 10 顆
蛋塔液每顆約 60 公克

- 器具 / Appliance

蛋塔塔模

- 材料 / Ingredient

千層蛋塔皮材料		重量（克）
A	無鹽奶油	75
B	低筋麵粉	600
	冰水	285
	海鹽	8
	細砂糖①	25
C	奶油片	350
合計		1343

蛋塔液材料		重量（克）
D	鮮奶	180
	細砂糖②	50
	煉乳	7
E	蛋黃	130
	動物性鮮奶油	180
	香草莢醬	6
合計		553

• 作法 / Method

1. 無鹽奶油加熱融化。 
2. 篩好的低筋麵粉放入攪拌缸中,加入冰水、海鹽、細砂糖①。 
3. 使用槳狀攪拌器。 
4. 攪拌成糰。 
5. 分次加入融化的無鹽奶油打均勻。 
6. 完成塔皮麵糰。 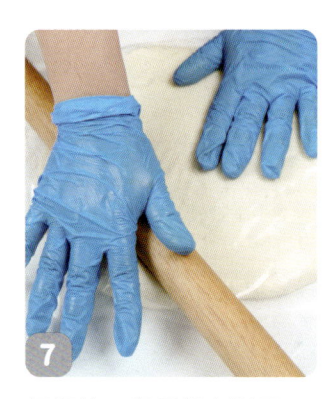
7. 麵糰放入塑膠袋中擀開。 
8. 放入冷藏冰30分鐘鬆弛。
9. 取出。

● 冷藏系列

10 桌面撒上手粉。

11 袋子切開。

12 擀成 40*40 公分大小，放上 20*20 公分的奶油片。

13 包起奶油片。

14 使用擀麵棍輕壓。

15 擀開。

16 對折再對折四折第一次。

17 折起處，使用小刀劃開。

18 放在墊好烤焙紙的烤盤上，整盤冰入冷藏鬆弛 30 分鐘。

• 作法 / Method

19 取出放直的再擀開。

20 上下往中心折起。

21 再對折四折第二次。

22 折起處,使用小刀割開。

23 兩端的折起處都要切開。

24 使用烤焙紙包起,冰入冷藏鬆弛 30 分鐘。

25 取出擀開約 0.3 公分厚。

26 使用直徑 11 公分壓模切割形狀。

27 使用花形塔模,先噴上烤焙油。

• 冷藏系列

28 放入塔皮，用手指將凹槽處壓好。

29 每個凹槽都要確實貼模。

30 底部輕壓，備用。

31 動物性鮮奶油、蛋黃、香草莢醬，放入鋼盆中。

32 攪拌均勻。

33 將鮮奶、細砂糖②、煉乳加熱至 60°C，沖入蛋黃液中邊加邊攪拌。

34 攪拌均勻，過篩。

35 將捏好的塔殼放在烤盤上，倒入煮好的蛋塔液。

36 放入烤箱，上下火 175°C，烤焙 30 分鐘，調頭再烤 3 分鐘。

Banana Custard Dacquoise

達克瓦茲 Daquoise 相傳最早是出現在法國西南部的達茲 Dax，是由大量的蛋白、杏仁粉製成的杏仁蛋白餅，輕脆蓬鬆的餅皮中藏著鬆軟的獨特口感，散發出優雅的杏仁清香。由於 100% 杏仁粉製作而成，特製的手法使餅皮得以酥脆。

● 冷藏系列

香蕉卡士達達克瓦茲

● 烤溫 / Baking Temperature

烤箱上下火 185°C，13 分鐘

● 份量 / Quantity

約可製作 420 片
香草卡士達醬每顆適量
焦糖卡士達醬每顆適量

● 器具 / Appliance

1 公分達克瓦茲模具、16 齒花嘴

● 小叮嚀 / Tip

①蛋白可先冷藏至 0°C，會比較好打發。
②也可以放其他水果搭配。

● 材料 / Ingredient

達克瓦茲材料		重量 (克)
A	蛋白	1930
	細砂糖①	564
	蛋白粉	56
	塔塔粉	36
B	細砂糖②	983
	杏仁粉	1850
合計		5419

內餡、裝飾材料		重量 (克)
C	香草卡士達醬 (作法 P.115)	適量
	海鹽焦糖卡士達醬 (作法 P.99)	適量
	香蕉片	適量
	烤熟杏仁果	適量

141

• 作法 / Method

1. 蛋白放入攪拌缸中，加入細砂糖①、蛋白粉、塔塔粉，使用球狀攪拌器打發。

2. 打至乾性發泡。

3. 分次加入混合好的細砂糖②及篩好的杏仁粉中。

4. 使用刮刀由下往上拌勻。

5. 裝入擠花袋中。

6. 使用達克瓦茲模具，擠入麵糊。

7 使用刮刀抹均勻。

8 再使用刮板刮平,刮掉多餘的麵糊。

9 小心脫模。

10 表面撒上糖粉,撒兩次,放入烤箱中,上下火 185°C,烤焙 13 分鐘。

11 烤好後放涼,取兩片中間夾心香草卡士達醬。

12 表面使用香蕉片、杏仁果、焦糖卡士達醬裝飾,可參考圖中裝飾手法。

143

Pineapple Red Tea Dacquoise

● 冷藏系列

鳳梨紅茶達克瓦茲

● 烤溫 / Baking Temperature

烤箱上下火 185°C，13 分鐘

● 份量 / Quantity

約可製作 420 片
巧克力卡士達醬每顆適量

● 器具 / Appliance

1 公分達克瓦茲模具、16 齒花嘴

● 小叮嚀 / Tip

① 鳳梨果凍作法：（可參考 P.150 覆盆莓草莓達克瓦茲的草莓果凍的作法）
1. 水 100 克、寒天粉 2 克、細砂糖 50 克、海藻糖 38 克、鳳梨果泥 60 克放入鍋中，煮滾。
2. 倒入容器中，冰入冷藏凝固。
3. 凝固後取出，切小丁備用。

● 材料 / Ingredient

達克瓦茲材料		重量（克）
A	蛋白①	1930
	細砂糖①	564
	蛋白粉	56
	塔塔粉	36
B	細砂糖②	983
	杏仁粉	1700
	紅茶粉	100
	玉米粉①	141
合計		5510

巧克力卡士達餡材料		重量（克）
C	鮮奶	188
	動物性鮮奶油	63
D	蛋黃	15
	蛋白②	10
	細砂糖③	25
	玉米粉②	16
E	無鹽奶油	13
F	黑巧克力	40
合計		370

裝飾材料		重量（克）
G	鳳梨丁	適量
	鳳梨果凍 （作法 P.149）	適量
	食用乾燥花	適量

145

• 作法 / Method

1. 鮮奶、動物性鮮奶油加熱至 60°C。

2. 蛋黃、蛋白②、細砂糖③、篩好的玉米粉②放入鋼盆中攪拌均勻。

3. 沖入加熱好的動物性鮮奶油,邊倒邊攪拌。

4. 上爐回煮。

5. 煮滾。

6. 熄火加入無鹽奶油。

7. 加入黑巧克力攪拌均勻。

8. 拌至融化。

9. 完成巧克力卡士達餡。

10 蛋白放入攪拌缸中,加入細砂糖①、蛋白粉、塔塔粉。

11 使用球狀攪拌器打至乾性發泡。

12 將【材料B】混合,加入蛋白霜拌勻。

13 使用達克瓦茲模具,擠入麵糊。

14 使用刮刀抹均勻。

15 再使用刮板刮平,刮掉多餘的麵糊。

16 表面撒上糖粉,撒兩次,放入烤箱中,上下火185°C,烤焙13分鐘。

17 烤好後放涼,取兩片中間夾心巧克力卡士達醬。

18 表面使用鳳梨丁、鳳梨果凍、巧克力卡士達醬及食用乾燥花裝飾,可參考圖中裝飾手法。

147

Raspberry Strawberry Dacquoise

覆盆莓草莓達克瓦茲

● 冷藏系列

● 烤溫 / Baking Temperature
烤箱上下火 185°C，13 分鐘

● 份量 / Quantity
約可製作 420 片
草莓乳酪餡每顆適量
奶油餡每顆適量

● 器具 / Appliance
1 公分達克瓦茲模具、16 齒花嘴

● 材料 / Ingredient

達克瓦茲材料

		重量 (克)
A	蛋白	1930
	細砂糖①	564
	蛋白粉	56
	塔塔粉	36
B	細砂糖②	983
	杏仁粉	1700
	紅色食用色膏	適量
合計		5419

奶油餡材料

		重量 (克)
C	細砂糖③	80
	海藻糖①	60
	水①	45
D	蛋黃	60
E	無鹽奶油	500
合計		745

草莓果凍材料

		重量 (克)
F	水②	100
	寒天粉	2
	細砂糖④	50
	海藻糖②	38
G	草莓果泥	60
合計		250

裝飾材料

		重量 (克)
H	覆盆子	適量
	草莓乳酪餡 (作法 P.127)	適量
	食用乾燥玫瑰花	適量

149

• 作法 / Method

1. 無鹽奶油室溫放軟,放入攪拌缸中打發。 
2. 蛋黃打發至變白。 
3. 將細砂糖③、海藻糖①、水①放入鍋中加熱至116°C,慢慢倒入打發蛋黃中,再打至變白。 
4. 打發奶油加入打發蛋黃混合拌勻,完成奶油餡。 
5. 水②、寒天粉混合煮滾。 
6. 倒入細砂糖④、海藻糖②攪拌至糖融解。 
7. 倒入草莓果泥,煮滾。
8. 過篩。 
9. 倒入容器中,可倒不同高度製作不同大小的果凍。

• 冷藏系列

10 蛋白放入攪拌缸中,加入細砂糖①、蛋白粉、塔塔粉。

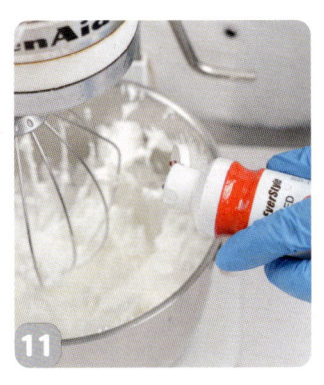

11 使用球狀攪拌器打至乾性發泡,加入紅色食用色膏打均勻。

12 細砂糖②加篩好的杏仁粉混合,加入蛋白霜拌勻。

13 使用達克瓦茲模具,擠入麵糊。

14 使用刮刀抹均勻。

15 再使用刮板刮平,刮掉多餘的麵糊。

16 表面撒上糖粉,撒兩次,放入烤箱中,上下火185℃,烤焙13分鐘。

17 烤好後放涼,取兩片中間夾心草莓乳酪餡。

18 表面使用覆盆子、切丁草莓果凍、草莓乳酪餡、奶油餡及食用乾燥花裝飾,可參考圖中裝飾手法。

151

Blueberry Dacquoise

藍莓達克瓦茲

● 烤溫 / Baking Temperature

烤箱上下火 185°C，13 分鐘

● 份量 / Quantity

約可製作 420 片
草莓乳酪餡每顆適量
奶油餡每顆適量

● 器具 / Appliance

1 公分達克瓦茲模具、16 齒花嘴

● 小叮嚀 / Tip

①參考 P.142 達克瓦茲組合方式，內餡使用藍莓乳酪餡，表面使用奶油餡、藍莓乳酪餡及藍莓、食用花瓣裝飾。
②藍莓乳酪餡作法請參考 P.128 草莓乳酪餡的作法。

● 材料 / Ingredient

達克瓦茲材料		重量 (克)
A	蛋白①	1930
	細砂糖①	564
	蛋白粉	56
	塔塔粉	36
B	細砂糖②	983
	杏仁粉	1700
	紅色食用色膏	適量
合計		5419

藍莓乳酪餡材料 (作法 P.127)		重量 (克)
C	藍莓果泥	468
	細砂糖③	13
	海藻糖	6
	無鹽奶油	117
	奶油乳酪	156
D	蛋黃 (殺菌)	63
	蛋白② (殺菌)	172
	玉米粉	23
E	吉利丁粉	13
	水	66
F	白巧克力	134
合計		1233

內餡、裝飾材料		重量 (克)
G	藍莓	30 顆
	奶油餡 (作法 P.149)	適量
	食用花瓣	適量

153

法布甜
AR's Patisserie
健康伴手禮第一品牌

台灣必買伴手禮～
賀 年銷超過千萬個～

法式達克瓦茲鳳梨酥
Pineapple cake

世界美食評鑑三冠王

法布甜官網 | Angle寵粉群

nippn 日本製粉株式會社

日本製粉株式會社總公司位於東京都千代田區,是日本歷史最悠久的製粉公司,擁有超過百年的歷史。日本製粉在日本國內的市場佔有率超過20%,論規模也是日本數一數二的企業。日本製粉每天的產能高達5,200噸,製粉廠分布於日本各地,全國共有七個製粉廠,其中千葉縣臨海工廠更是具世界規模的工廠。公司客戶遍佈日本國內及海外各地,是多角化經營的企業。

白帆船高筋粉
規格:25公斤/袋
灰份:0.38±0.03
蛋白質:12.1±0.3

鷹牌高筋粉
規格:25公斤/袋
1公斤/包
灰份:0.38±0.03
蛋白質:12.1±0.5

皇后牌高筋粉
規格:25公斤/袋
灰份:0.43±0.04
蛋白質:12.4±0.5

鑽石牌低筋粉
規格:25公斤/袋
1公斤/包
灰份:0.38±0.03
蛋白質:8.1±0.5.5

愛心低筋粉
規格:25公斤/袋
灰份:0.35±0.03
蛋白質:7.8±0.35

拿破崙法國專用粉
規格:25公斤/袋
1公斤/包
灰份:0.43±0.04
蛋白質:12.1±0.5

金妮法國專用粉
規格:25公斤/袋
灰份:0.47±0.03
蛋白質:11.2±0.5

全粒粉(細)
規格:25公斤/袋
灰份:1.4±0.3
蛋白質:14.3±0.5

北海道夢想力麵粉
規格:25公斤/袋
灰份:0.47±0.2
蛋白質:14.6±0.5

日本北海道小麥粉
規格:25公斤/袋
灰份:0.36±0.03
蛋白質:9.7±0.5

凱薩琳麵粉
規格:15公斤/袋
1公斤/包
灰份:0.37±0.03
蛋白質:12.1±0.5

特麒麟(細)挽裸麥全粒粉
規格:10公斤/袋
灰份:1.6±0.2
蛋白質:9.0±1.0

Elle & Vire PROFESSIONNEL 愛樂薇
源自法國諾曼第
75年專業乳製品製造工藝

1. 法國愛樂薇烹飪動物性鮮奶油35%
規格:1公升/罐,12罐/箱

2. 法國愛樂薇動物性鮮奶油35%
規格:1公升/罐,12罐/箱

3. 法國愛樂薇馬斯卡邦起士(藍)
規格:1公升/罐,6罐/箱

4. 法國愛樂薇卡邦動物鮮奶油(粉紅)
規格:1公升/罐,6罐/箱

5. 法國愛樂薇酸鮮奶油
規格:1公升/罐,6罐/箱

6. 法國愛樂薇片裝發酵奶油84%(冬乳製成)
規格:1公斤/片,10片/箱

7. 法國愛樂薇發酵無鹽奶油
規格:2.5公斤/條,4條/箱

8. 法國愛樂薇乳脂起士
規格:1公斤/條,9條/箱

9. 法國愛樂薇發酵無鹽奶油
規格:500公克/條,8條/箱

10. 法國愛樂薇發酵有鹽奶油
規格:500公克/條,8條/箱

11. 法國愛樂薇迷你發酵無鹽奶油(鋁箔杯)82%
規格:10公克/個,100個/箱

選擇德麥,與世界級品牌材料同行

美旗 金月餅皮／餡料

時尚風味
無限迴響

流心奶皇

金月奶皇

MEI-CHI FOOD

【冰皮月餅】

巧克力餅皮
黃金餅皮
覆盆子餅皮
抹茶餅皮

最佳內餡
金月奶皇餡、洛神蔓越莓、特濃巧克力餡、檸檬餡
北海道牛奶、金桔檸檬、抹茶紅豆、十勝紅豆
香芒杏桃、切達乳酪、綠茶餡、紫薯餡、南棗餡

餅餡豆沙製造　農產品加工　食品材料銷售　使用美旗餡料　生意嘎嘎叫　現在馬上撥打 (04)2496-3456 洽

高級餡料の專家

總億食品工業股份有限公司　美旗食品事業有限公司
JONG YEE FOOD INDUSTRIAL CO., LTD　MEI-CHI FOOD ENTERPRISE CO., LTD
台中市大里區仁禮街45號　NO.45,Renli St., Dali Dist., Taichung City, Taiwan
TEL：(04)2496-3456　　FAX：(04)2496-9796
e-mail:meichi.food@msa.hinet.net　網址：www.mcfood-e.com.tw

數位學習專業平台

上優好書網
會員招募

課程抵用券 $100

立即加入會員贈送$課程抵用券

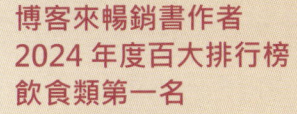

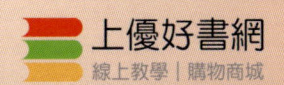

~~~~~~~~~~ 2025 最新強打課程 ~~~~~~~~~~

營業版！小資創業 滷出百萬商機
4道秒殺系滷味，獨門創業秘方教給你！
李鴻榮 老師
定價$4980
早鳥$2988 / 晚鳥$3980

授課老師：李鴻榮

EVA老師線上課程 茶甜點
茶的風土滋味，不甜膩的常溫點心

授課老師：Eva 游舒涵

博客來暢銷書作者
2024年度百大排行榜
飲食類第一名

邊境法式點心坊 法式千層甜點學堂
新手、老手的必學招式
JASON主廚的私房甜點課

授課老師：賴慶陽 Jason

博客來暢銷書作者
2024年度百大排行榜

PART 2 老師傅的渥菜家宴
憶鱸教師／金牌主廚 戴德和

授課老師：戴德和

PART 1 圍爐年菜輕鬆做 海陸龍歡喜
中華國際美饌交流協會
理事長 鄭至耀
副理事長 陳金民

授課老師：鄭至耀、陳金民

節慶經典 宴席料理
國宴金牌主廚 鐘坤賜
西餐主廚 周景堯Andy

授課老師：鐘坤賜、周景堯

上優好書網
線上教學｜購物商城

加入會員
開課資訊

LINE客服

夢想烘焙　從巴黎鐵塔到我的廚房
　　　　　億級 Easy 配方大公開！

作　　　者	張淑卿（Angel 甜姐）
總 編 輯	薛永年
美術總監	馬慧琪
文字編輯	董書宜
美術編輯	董書宜
攝　　　影	王隼人
廚房助理	林培聖、黃任鵬、陳昱蓁、謝湘荃
出 版 者	上優文化事業有限公司
	電話 (02)8521-3848　／　傳真 (02)8521-6206
	信箱 8521book@gmail.com（如任何疑問請聯絡此信箱洽詢）
	官網 http://www.8521book.com.tw
	粉專 http://www.facebook.com/8521book/

上優好書網　　粉絲專頁

```
夢想烘焙
從巴黎鐵塔到我的廚房 億級 Easy 配方大公開
張淑卿（Angel 甜姐）著. -- 一版 [新北市]
上優文化事業有限公司, 2025.02
160 面；19 × 26 公分. -- (烘焙生活；57)
ISBN 978-626-98932-8-7（平裝）
1.CST: 點心食譜　2.CST: 糖果
427.16                                    114000568
```

印　　　刷	鴻嘉彩藝印刷股份有限公司
業務副總	林啟瑞　電話 0988-558-575
總 經 銷	紅螞蟻圖書有限公司
	電話 (02)2795-3656　／　傳真 (02)2795-4100
	地址 台北市內湖區舊宗路二段 121 巷 19 號
網路書店	博客來網路書店　www.books.com.tw
版　　　次	一版一刷：2025 年 2 月
定　　　價	480 元

Printed in Taiwan 版權所有・翻印必究
書若有破損缺頁，請寄回本公司更換

（黏貼處）

讀者回函

♥ 為了以更好的面貌再次與您相遇，期盼您說出真實的想法，給我們寶貴意見 ♥

姓名：	性別：□男 □女	年齡： 歲
聯絡電話：（日）	（夜）	
Email：		
通訊地址：□□□-□□		
學歷：□國中以下 □高中 □專科 □大學 □研究所 □研究所以上		
職稱：□學生 □家庭主婦 □職員 □中高階主管 □經營者 □其他：		

● 購買本書的原因是？

□興趣使然 □工作需求 □排版設計很棒 □主題吸引 □喜歡作者 □喜歡出版社
□活動折扣 □親友推薦 □送禮 □其他：＿＿＿＿＿＿＿＿＿＿

● 就食譜叢書來說，您喜歡什麼樣的主題呢？

□中餐烹調 □西餐烹調 □日韓料理 □異國料理 □中式點心 □西式點心 □麵包
□健康飲食 □甜點裝飾技巧 □冰品 □咖啡 □茶 □創業資訊 □其他：＿＿＿＿

● 就食譜叢書來說，您比較在意什麼？

□健康趨勢 □好不好吃 □作法簡單 □取材方便 □原理解析 □其他：＿＿＿＿

● 會吸引你購買食譜書的原因有？

□作者 □出版社 □實用性高 □口碑推薦 □排版設計精美 □其他：＿＿＿＿

● 跟我們說說話吧～想說什麼都可以哦！

寄件人 地址：□□□-□□
　　　 姓名：

廣告回信
免貼郵票
三重郵局登記證
三重廣字第 0751 號

平　信

24253 新北市新莊區化成路 293 巷 32 號

上優文化事業有限公司　收

讀者回函

（請沿此虛線對折寄回）

Dream Bakery

夢想烘焙

從巴黎鐵塔到我的廚房
億級 Easy 配方
大公開！

張淑卿 Angel 著

上優文化事業有限公司
電話：(02)8521-3848
傳真：(02)8521-6206
信箱：8521book@gmail.com
網站：www.8521book.com.tw

上優好書網　FB 粉絲專頁　LINE 官方帳號　Youtube 頻道

上優 | 三藝